Encyclopedia of Science and Technology

科技大百科

[印] 史蒂夫·帕克等 著
《科技大百科》翻译组 译

中国财政经济出版社

图书在版编目（CIP）数据
科技大百科：彩色版/（印）帕克等编著；《科技大百科》翻译组译. -- 北京：中国财政经济出版社，2013.1
书名原文：Encyclopedia of Science and Technology
ISBN 978-7-5095-3416-8

Ⅰ. ①科… Ⅱ. ①帕… ②科… Ⅲ. ①科学技术－普及读物 Ⅳ. ①N49

中国版本图书馆CIP数据核字（2012）第021012号

著作权合同登记号：图字01-2011-7689

LEOPARD
LEARNING

纽约 · 伦敦 · 新德里

作　　者：史蒂夫 · 帕克、本 · 哈巴德
编　　辑：阿萨瓦瑞 · 辛格
项目经理：阿切那 · 比西特
艺术总监：乔伊塔 · 达斯
封面设计：乔伊塔 · 达斯、艾莎 · 汉娜
设 计 者：艾莎 · 汉娜、迪皮卡 · 维尔玛、达勒本 · 辛格、那维尼特 · 高尔、亚辛 · 卡汉
美术编辑：苏嘉达 · 梅农、卡维塔 · 穆达
图片研究员：阿坎莎 · 斯瓦塔、洛克士 · 比西特、萨隆尼 · 韦德、妮维莎 · 辛哈
译　　者：《科技大百科》翻译组

ISBN: 978-93-81087-04-6

中国财政经济出版社 出版
URL：http://www.cfeph.cn
E-mail：cfeph @ cfeph.cn

社址：北京市海淀区阜成路甲28号　邮政编码：100142
发行处电话：88190406　财经书店电话：64033436
北京联兴盛业印刷股份有限公司印刷　各地新华书店经销
889×1194毫米　16开　13.5印张　119 000字
2013年1月第1版　2013年1月北京第1次印刷
定价：128.00元
ISBN 978-7-5095-3416-8/N · 0001
（图书出现印装问题，本社负责调换）
本社质量投诉电话：010-88190744

Encyclopedia of Science and Technology

科技大百科

目录

物理科学

天文学

物理

化学

地球科学

生命科学

动物和植物

目录

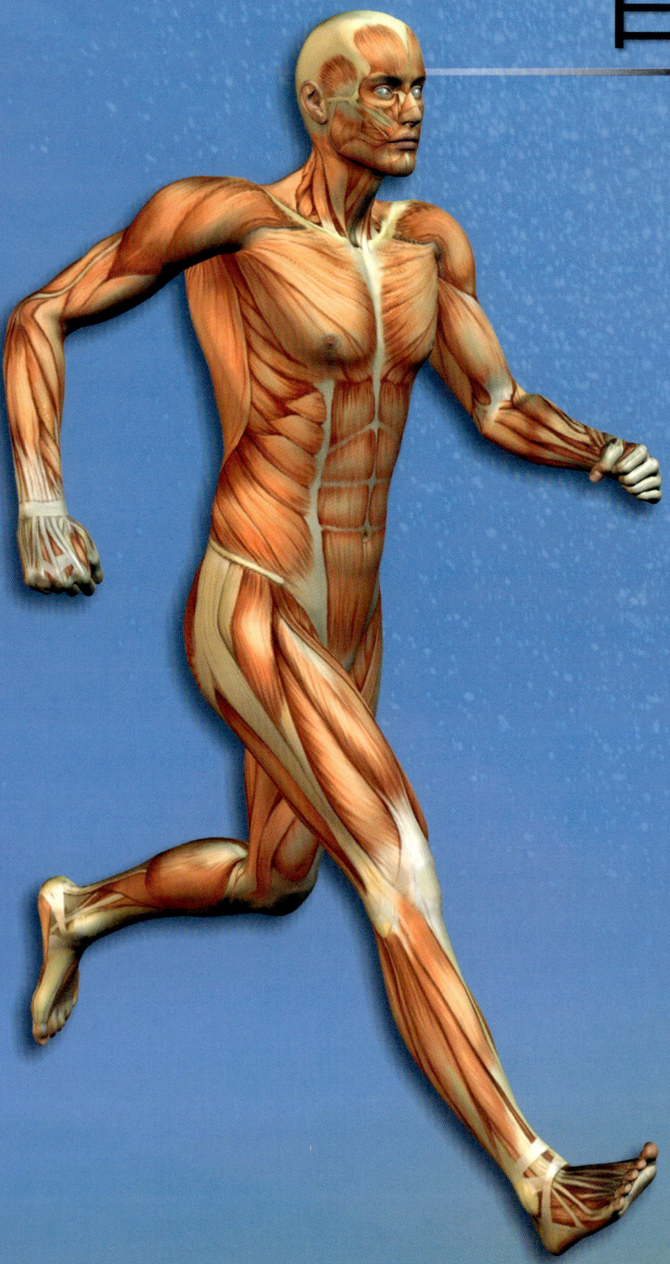

人体

技术

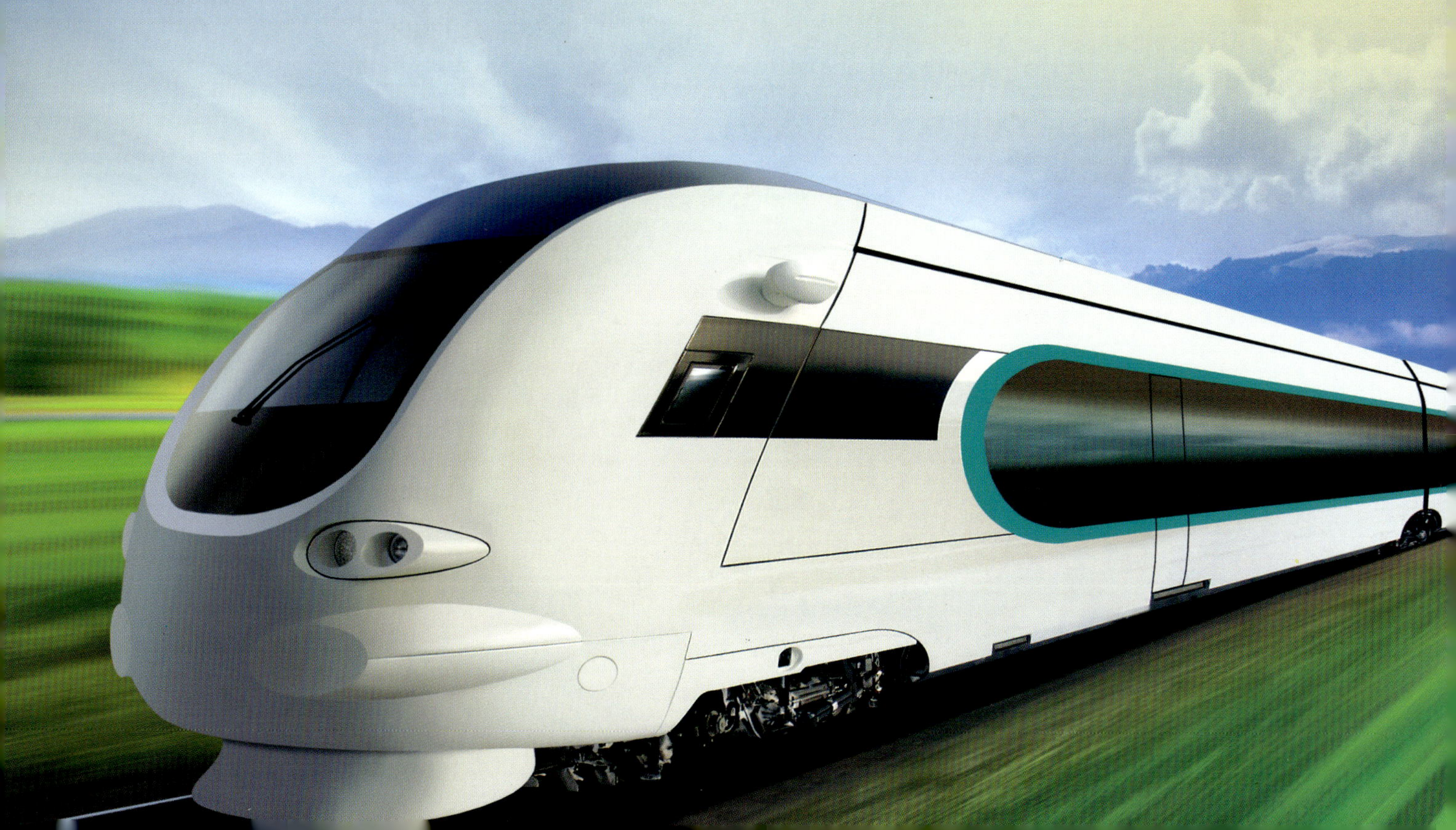

宇宙

宇宙由一切事物构成。宇宙包括恒星、 行星、 卫星、 庞大的尘云，还有无边无际的空间。

很难想象，宇宙即“一切”。“一切”包含了所有物质——大到恒星和行星，小到尘埃、分子和原子。“一切”也包含了所有能量——既包括热能、光能，也包括微波和X射线。但是，宇宙的大部分是什么都没有的，我们称其为“太空”。

空间、时间、物质和能量皆起源于宇宙大爆炸，由一个又小又重的极热的“点”爆炸而来。在大爆炸后的大约1亿年，恒星开始发光。

现代航天飞机

我们所居住的行星周围有许多恒星，它们形成了银河系。假如我们不在银河系，那周围就不会有别的恒星——只是空旷的太空。那就像宇宙中的大多数地方，夜晚的天空是没有光的。

有趣的事实

- **宇宙外面是什么？**

我们知道，宇宙包括了一切时间和空间。既然宇宙即一切，那它就不可能有外面了。随着它的不断膨胀，宇宙里面的物质相隔越来越远，但这并不意味着会跑到宇宙的“外面”去。

- **宇宙出现之前是什么？**

一般认为，时间始于大爆炸之时，也即是宇宙形成之时。因此，不存在所谓的“之前”。

宇宙大爆炸

宇宙形成于大约137亿年前。科学家们普遍认为，宇宙是由一次巨大的爆炸而形成的，并称其为宇宙大爆炸。时间随之而开始，物质随之而形成，空间也不断膨胀。如今，科学家们认为宇宙的空间几乎无限（930亿光年），并且仍然在不断膨胀。

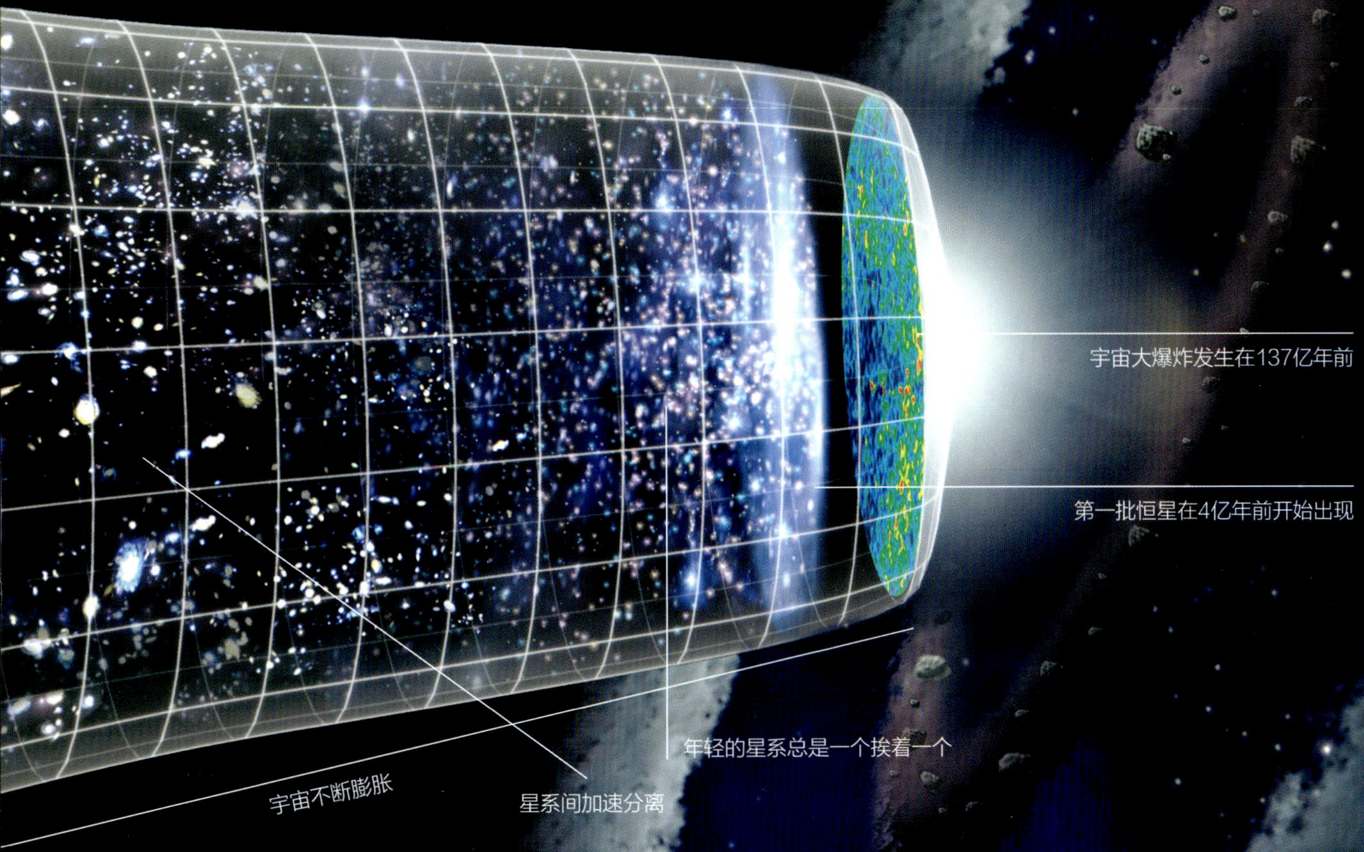

阴暗面

知道了宇宙的膨胀方式，我们大概就能知道它能容纳多少物质和能量。但事实上我们却只能看见不到1/10，其余的被称为“暗物质”和“暗能量”。

国家天文气象台里最先进的望远镜几乎可以看到宇宙的边际。

更多相关知识 ▸ 星系和恒星10–11 ■ 太阳和太阳系12–13 ■ 岩石态行星14–15

星系和恒星

宇宙包含数以千亿的星系，每个星系都由大量的恒星组成。恒星通常是一个由炙热气体形成的旋转球体，大部分为氢气和氦气。这些气体不断发生反应，从而产生光和热。无数个恒星又组成了星系，每个星系不断旋转。大多数星系的中心是一个黑洞——物质和能量压缩到一起的地方。黑洞具有强大的吸引力，称之为万有引力。该引力将“吞噬”周围的恒星，就像消失了一样。

↑ 椭圆星系如上图所示，其外形呈椭圆形，例如我们所在的银河系。螺旋星系就像有着弯弯手臂的旋转海星。而不对称星系则可能存在任何形状，就像天上的白云。

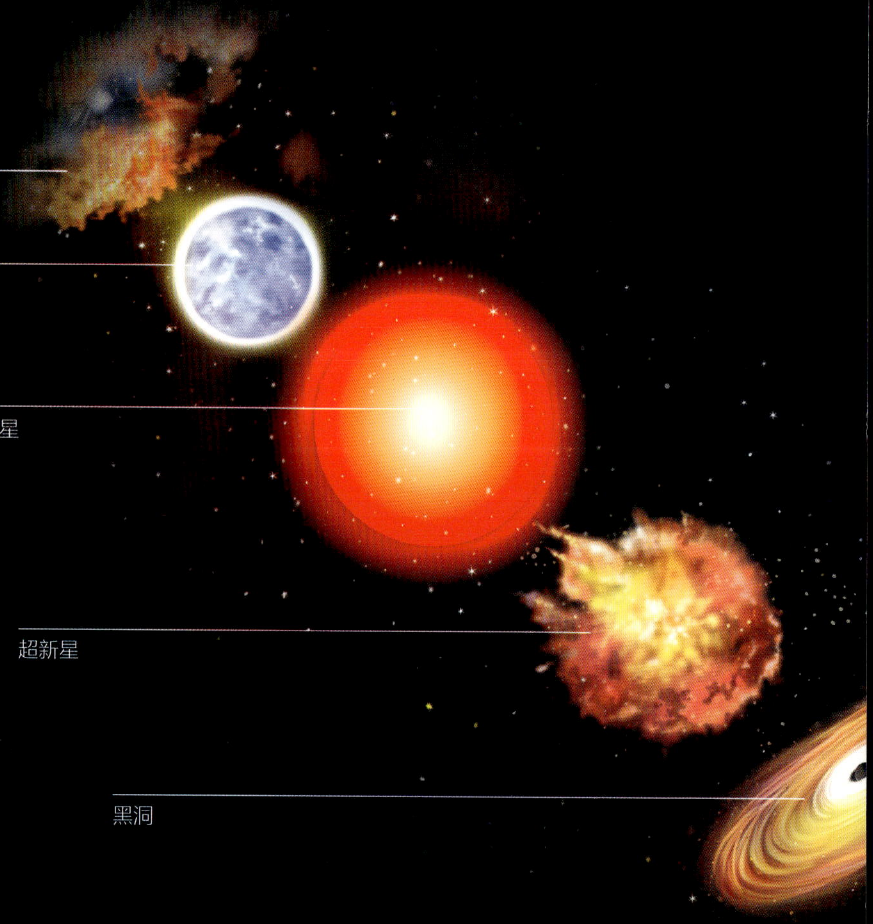

恒星的形成

当太空中的云和尘埃由于万有引力的作用而聚集到一起时，一颗恒星便形成了。云慢慢地形成一团，我们称之为原恒星。而随着时间的推移，原恒星内的温度和气压也不断升高，从而引起氢原子反应。氢原子反应将发出大量的光能、热能和其他射线。而恒星也将随着能量的不断释放而逐渐消亡。

↑ 中等大小的恒星先是膨胀，等能量耗尽后再收缩。而巨大的恒星则通过爆炸变成中子星，有些变成黑洞。

恒星的消亡

恒星发光的时间是有限的，其期限由它的大小决定。小的恒星（又称为红矮星）释放完所有的氢能源后，将冷却并收缩成白矮星。中等的恒星（例如太阳）一般可以维持大约100亿年，它先不断膨胀成一个红色的巨大星体，然后逐渐消亡。而超级巨大的恒星往往是经过短暂的燃烧后就爆炸形成一个巨大的火球，又称为超新星，并随之形成一个微小但超重的中子星，或者那些最大的超大星会形成一个黑洞。

超新星，或者爆炸的恒星，在某一段时间内能够比整个星系都更亮，但几周之后就消亡了。

有趣的事实

- 宇宙内可能有超过1200亿个星系。实际的数目可能达到3万亿。
- 小的星系包含大约1千万个恒星，而大的星系中超过1万兆亿个恒星。
- 我们所处的星系叫做银河系，包括太阳和很多行星。
- 银河系属于螺旋形星系，其直径约为10亿光年，包含大约1200亿颗恒星和大量的星团、星云。

中子星

夜晚天空出现的一条灰白色线条是由我们所处的螺旋形星系中数以百万的恒星所形成的。正是由于它呈现出灰白色的线条形状，于是被称为“银河”。

更多相关知识 ▸ 宇宙8-9 ■ 太阳和太阳系12-13 ■ 空间探索20-21

太阳和太阳系

离我们最近的恒星并不是在夜晚天空中发着光的星星点点，而是一个能够给我们带来明亮和温暖的巨大的火球——太阳。

太阳系由太阳和围绕它的所有星体组成，包括八大行星、月球、燃烧的彗星和大量巨石（称为小行星或流星体）。所有这些星体都围绕太阳运行。它们的运行轨迹并非圆形，而是椭圆形。太阳自身的万有引力使得这些星体总是围绕着它运行，而不至于逃脱太阳系进入太空。

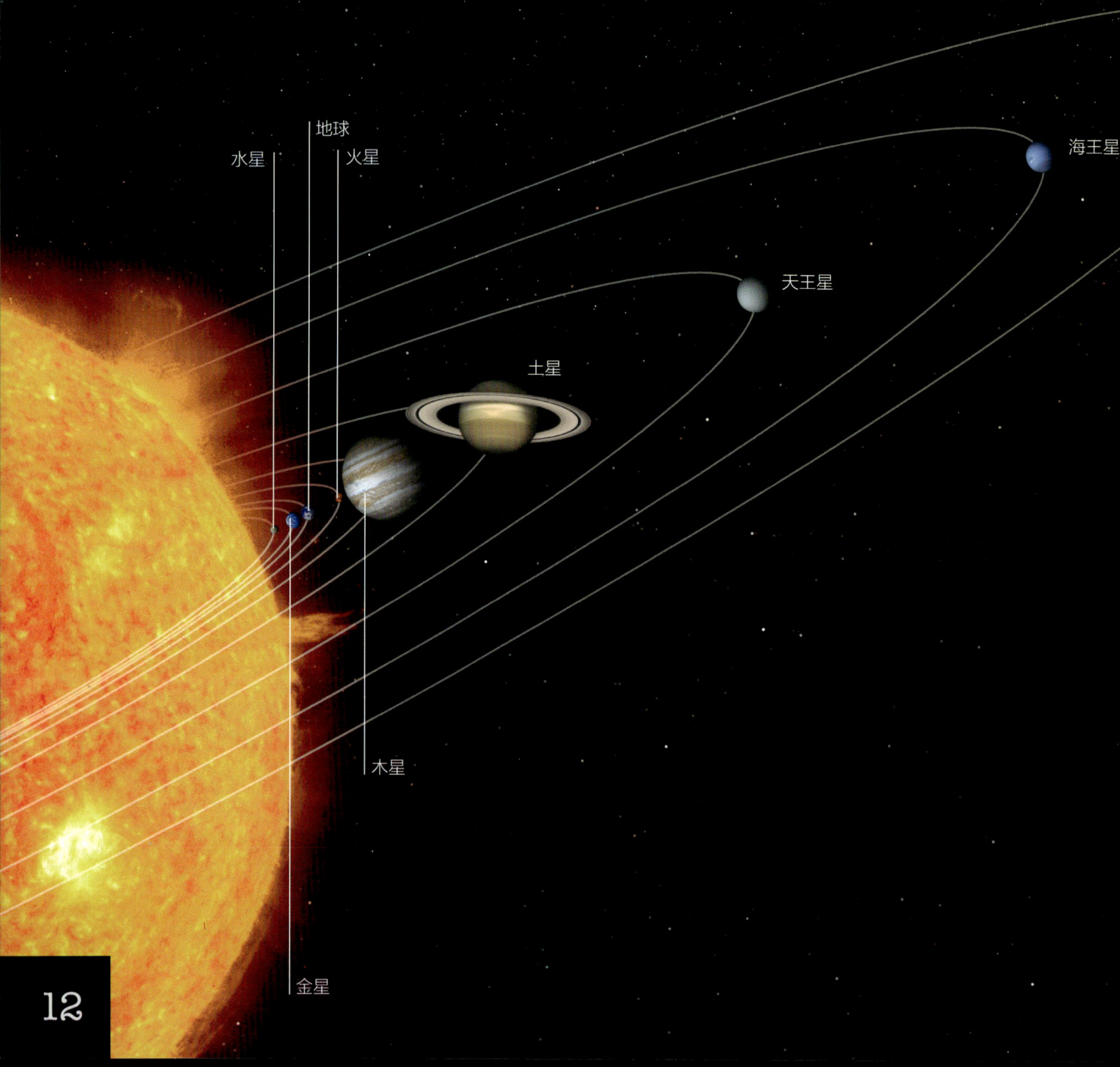

↑ 太阳表面存在的庞大的环状火焰和光弧使得太阳非常耀眼，其直径比地球大出很多倍。而太阳黑子则是太阳表面相对暗且温度低的区域。

试一试

安全地观察太阳

千万不能直接用眼睛看太阳，即使有墨镜也不行。否则它可以在几秒之内就灼伤你的眼睛。

我们利用两张硬纸片来观察太阳黑子、日食及其他太阳活动。

- 步骤1：利用削尖的铅笔在其中一张卡片上弄一个小洞。
- 步骤2：将这张纸片向着太阳方向举起，让太阳光穿过纸片而投射到距离大约40-60cm远的另一张纸片上。
- 步骤3：我们可以观察到投射到纸片上的太阳的影像了。

太阳在哪？

太阳位于银河系中心距离边缘大约2/3的位置。尽管只是一个中等偏小的恒星，但它仍然比地球大大约109倍。就空间位置来说，太阳距离地球较近（1亿5千万公里，或者9300万英里），所以我们觉得天上的太阳很大。地球是距离太阳第三近的行星。

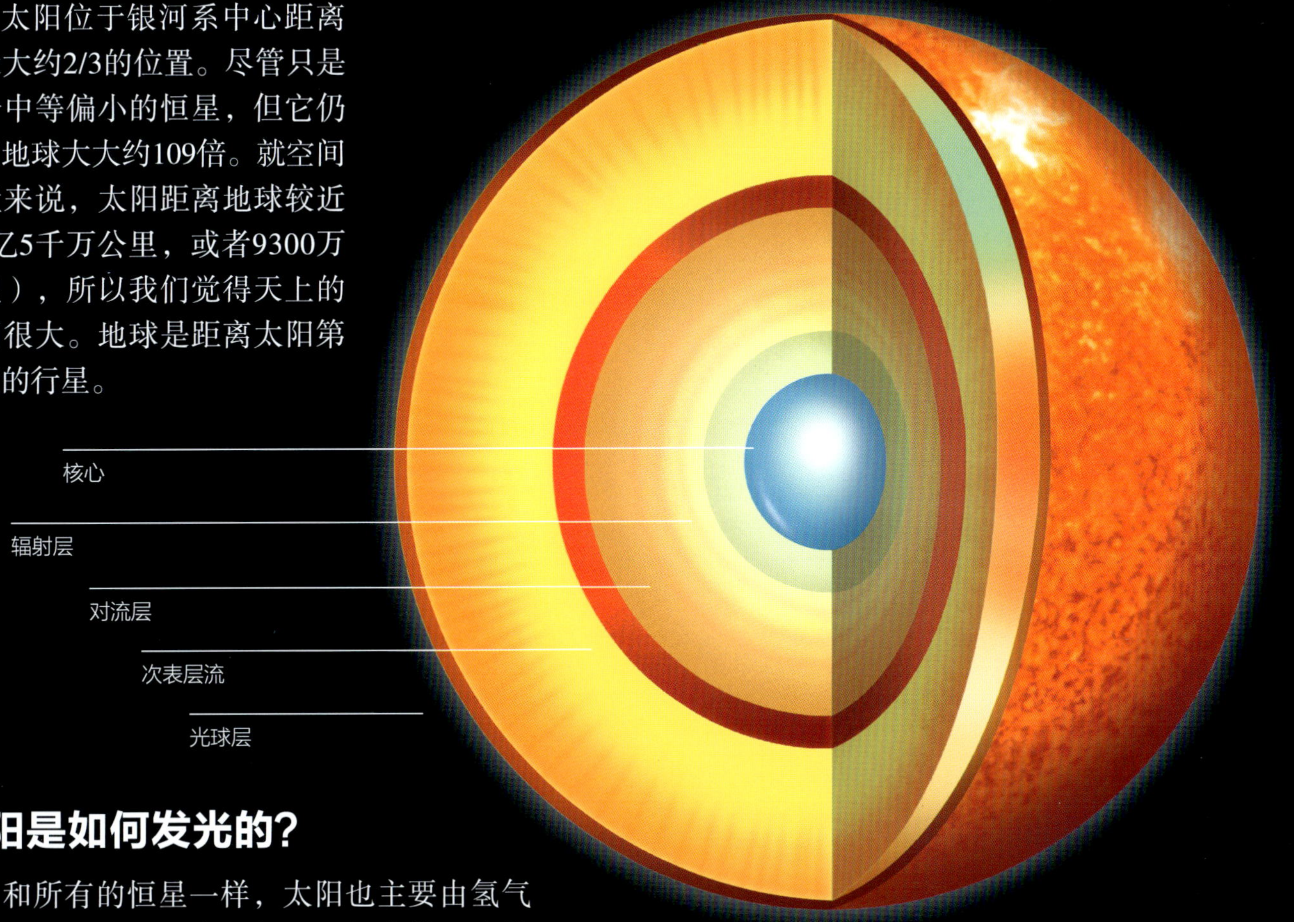

↑ 太阳可分为几层，太阳核心是温度最高的区域，而表面的光球层是我们可见的。

太阳是如何发光的？

和所有的恒星一样，太阳也主要由氢气构成。太阳中心巨大的气压和极高的温度使得氢原子在其中产生核聚变反应，从而生成更重的氦原子，并释放出大量的热能、光能和其他形式的能量。

更多相关知识 ▸ 岩石态行星14-15 ■ 气态巨星 16-17 ■ 空间探索20-21

岩石态行星

距离太阳最近的四个行星分别为水星、金星、地球和火星。它们主要由固体物质，尤其是各种各样的岩石组成。

除水星以外，其他岩石态行星表面都围绕着一层气体。这层气体构成了行星的大气层。而水星由于距离太阳太近，其表面的气体都被太阳光所吸收。由于没有大气层的保护，流星和其他空间岩石将直接与水星发生相撞，经过数百万年后，在其表面形成了许多坑坑洼洼。

简单的事实

行星	与太阳的平均距离（百万公里）	平均运行速度（公里/秒）	直径（公里）	绕行太阳一周的时间（地球日）
水星	58	48	4880	88天
金星	108	35	12104	225 天
地球	150	29.8	12756	365.24天
火星	228	24.1	6794	687天

亮橙色的斑点是火山口

卡洛里斯盆地是水星上最大的坑，直径大约有1550公里

数百万年间，水星经历了与太空中各种各样的岩石撞击，其表面留下了许多坑坑洼洼。

水星是个无水的岩石态行星，其表面的60%都布满坑洼，其余表面也有光滑的熔岩平原和山脉。

金星周围覆盖着很厚的云层，都是酸性水滴有毒气体，例如二氧化碳。这些云层使得金星呈现出亮丽的色彩。

水星和金星

水星面对太阳的一面温度高达450℃——几乎是家用烤箱所能达到的最高温度的两倍。但水星背对太阳的一面温度却只有-170℃——几乎是地球上最低气温的两倍。

金星表面厚重的大气层可以截获更多的太阳辐射，因此其表面温度比水星还高——超过460℃。金星的自转方式与众不同。从太阳上看，金星是沿顺时针方向旋转，而其他行星则是沿逆时针方向旋转。金星的旋转速度也比其他行星慢许多，金星上的一天相当于地球上的243天。

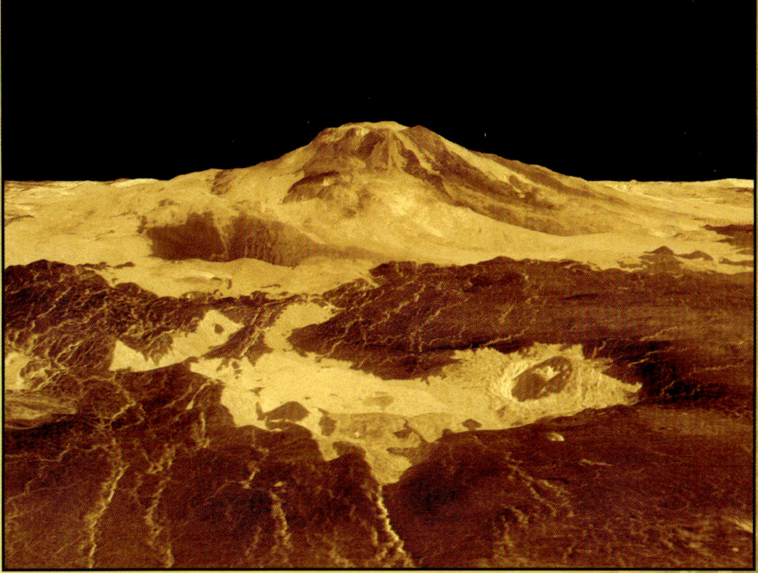

1990年，美国麦哲伦航天飞机利用雷达（无线电回波）首次穿过云层窥探到了金星的表面，发现金星上有火山、高高低低的山脉、山谷及平原。

“红色星球”

火星是与地球最相似的行星，尽管表面上它与地球有很多不同之处。由于其表面的尘埃和岩石中的矿物质含有铁的氢氧化物，即铁锈，所以火星表面呈现淡红色。由大量有毒的二氧化碳气体形成了很薄的大气层，从而引起风甚至沙尘暴。火星温度很低，水无法以液态形式存在，因此认为火星上没有生物存在。但是科学家们认为在数十亿年前火星上曾经历过能够维系生命的“湿期”。

由水和二氧化碳冻结而成的冰覆盖在南北两极

火星与地球一样，有四季。冬季，南极和北极都被冰雪覆盖。这些极地冰盖有些是水凝结成的，也有部分是二氧化碳凝结而成的，即“干冰”。

更多相关知识 ▸ 宇宙8-9 ■ 太阳和太阳系12-13 ■ 空间探索20-21

气态巨星

距离太阳最远的四颗行星都是气态巨星。它们主要是由旋转的气体所形成的巨大的球状体，尽管有的星体内还存在岩石态核心。

与所有的行星一样，气态巨星自身也不能发光。它们通过反射太阳光而发亮。但是，假如木星这颗最大的行星，在形成之初就有那时的50倍大的话，那它也能成为一颗恒星。土星是第二大行星，它因拥有美丽的光环而著名。海王星是位于最外层的行星，呈现鲜艳的蓝色，因而用罗马语的“海洋之王”为其命名。

木星表面的大红斑是一个持续了数百年之久的巨大风暴。它的直径大约有三个地球那么宽。还有一些小的风暴聚集到一起也会在其表面形成红斑，这些小风暴可以持续大约一年。

土星壮观的光环主要是由水凝结成冰而形成的。这些冰块大小不一——有些比一辆汽车还大，而有的却比一粒米还小。

简单的事实

行星	与太阳的平均距离（百万公里）	平均运行速度（公里/秒）	直径（公里）	绕行太阳一周的时间（地球日）
木星	778	13	142980	11.86
土星	1427	9.7	120535	29.4
天王星	2870	6.8	51120	84
海王星	4498	5.5	49530	164.8

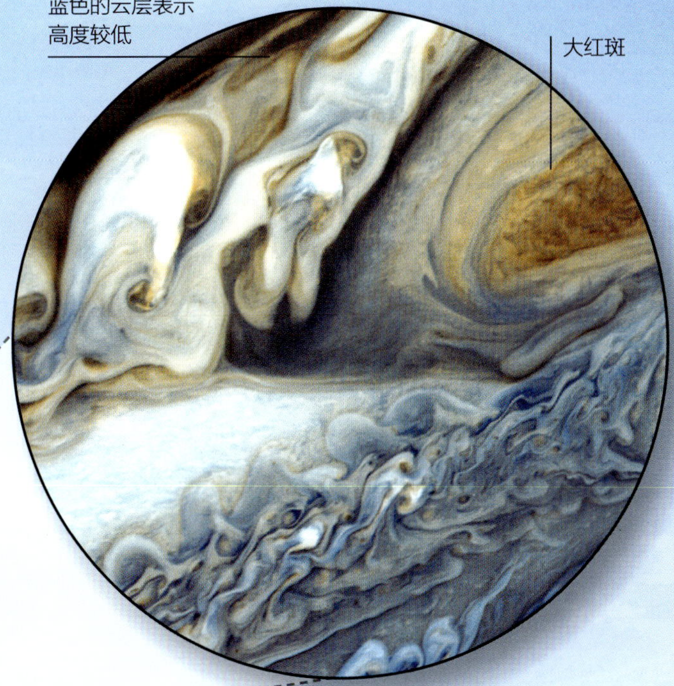

更远，更冷，更慢

天王星和海王星距离太阳最远，因此温度特别低。海王星的表面温度可以低至零下200℃。它们都有很厚的大气层，大气层中的甲烷气体让它们都呈现出淡蓝色。星球表面也存在大量的风暴。海王星上的风速是太阳系中最快的——是地球上风速的10倍左右。离太阳较远的行星移动速度要慢得多，海王星绕太阳一圈需要大约165年。

海王星有六个较弱的光环，每隔几年海王星的表面就会出现由于风暴所引起的“大黑斑”。

木星和土星

木星大约有1320个地球那么大，它也是行星之王。木星自转速度很快，大约10小时完成一次。木星外围大气层中含有各种气体，从而呈现出彩色的条纹。土星则因为它美丽的光环而著名。它的三个主光环加上一些次光环的厚度只有不到50米，所以站在地球上是无法看到它的光环的。但土星最外围的主光环（称为A），其直径超过27万公里。

天王星的光环要比土星的弱许多，直到1977年才被发现。一共有13个主光环，除了最外围的一个光环呈现红色外，其他都呈现蓝色。

更多相关知识 ▸ 宇宙8-9 ■ 太阳和太阳系12-13 ■ 空间探索20-21

卫星、小行星和彗星

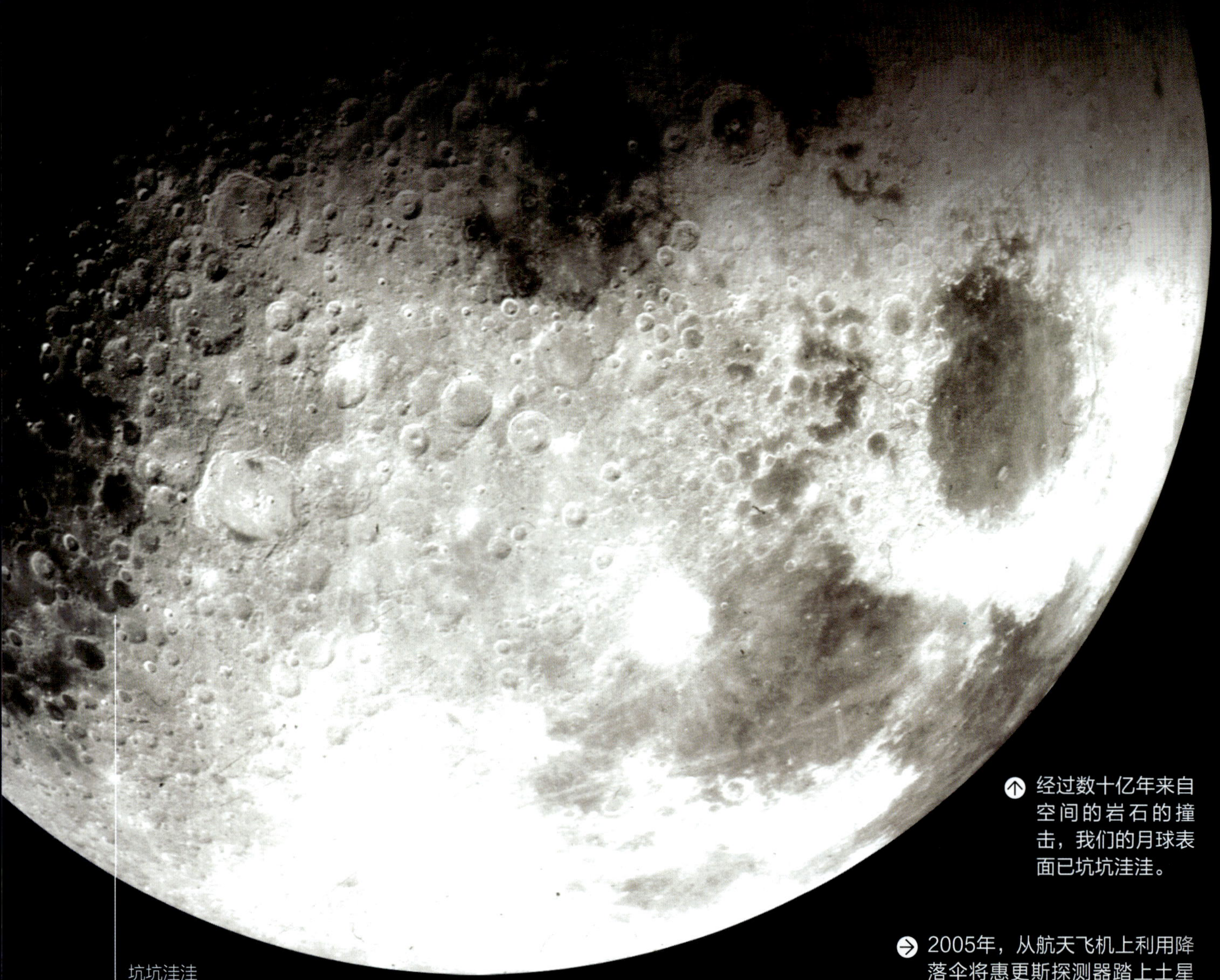

经过数十亿年来自空间的岩石的撞击，我们的月球表面已坑坑洼洼。

2005年，从航天飞机上利用降落伞将惠更斯探测器踏上土星的卫星泰坦。

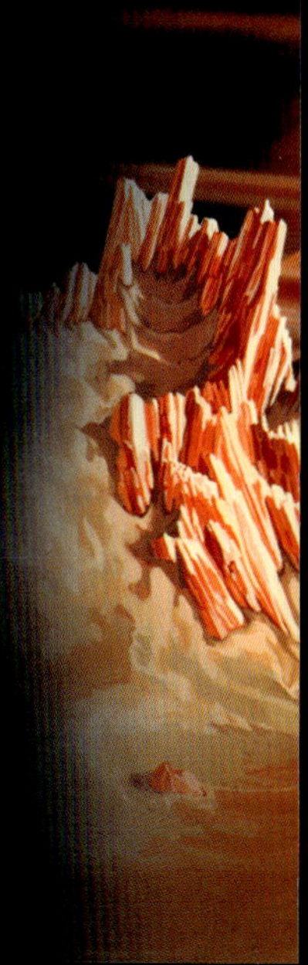

卫星是指围绕行星运行的较大的岩石态星球。小行星是围绕太阳运行的较小的岩石类星体。彗星也围绕太阳运行，但运行轨迹要长得多。

地球有一颗卫星，称为“月球”。它是地球唯一的天然卫星。由于地球的万有引力作用，月球绕地球一周平均384400公里，平均花费27.3天。月球是太阳系中第五大卫星，其直径为3474公里。大多数行星都有不止一颗卫星，火星有两颗小卫星，而土星有60多颗。最大的卫星是木星的木卫三，其直径有5268公里。第二大卫星是土星的泰坦（土卫六）。

小行星

小行星是指围绕太阳运行的空间岩石。它们有时被称为小型行星。大多数的小行星都在火星和水星间的间隙运行，该区域称为小行星带。其他行星间也有数千颗小行星，其中包括1000多颗近地小行星。也许不久的将来，会有一颗近地小行星撞击地球，不过这个概率很小。

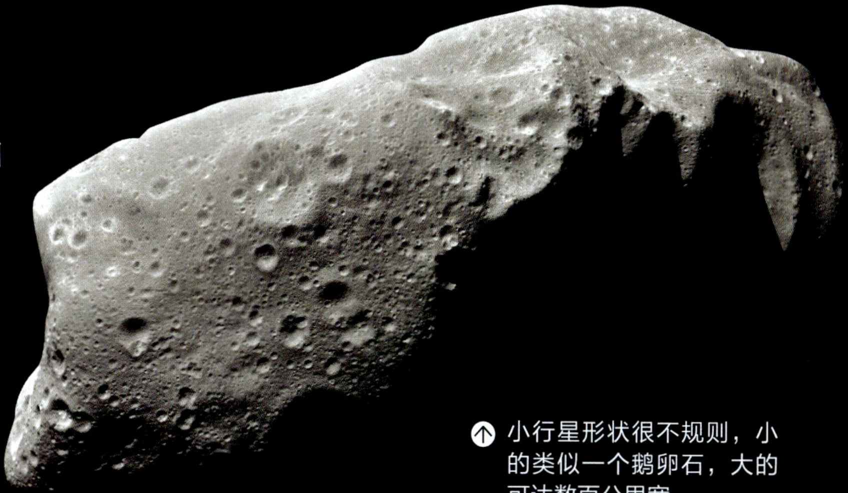

小行星形状很不规则，小的类似一个鹅卵石，大的可达数百公里宽。

有趣的事实

无人驾驶的外太空飞船逐渐揭开了彗星的神秘。

- 2004年：美国的星尘号宇宙飞船靠近怀尔特2号彗星，收集它的尘埃和气体，并于2006年返回地球时带回了试验样本。
- 2005年：美国宇宙飞船上冰箱大小的撞击器撞击了坦普尔1号彗星的核心，并用飞船上的传感器拍摄了撞击过程。
- 2014年：欧洲的罗塞塔飞船将登陆Churyumov-Gerasimenko彗星，并在它的地表面放置一个小机器人。罗塞塔飞船已于2004年开始这项任务。

彗星

彗星围绕太阳运行，运行轨迹长并带有一定倾角，且通常在外太空运行。当彗星接近太阳时被加热，使得尘埃和冰冻物形成的彗星核心释放出气体和微粒，它们通过反射太阳光，在核心周围形成明亮而朦胧的“彗发”。彗星似乎就有了一个亮丽的尾巴，那其实不是它的运行轨迹，但指向背离太阳的方向。在绕过太阳之后，彗星又将回到外太空，温度降低并再次变暗。

哈雷彗星每75-76年出现一次，下次出现的时间为2061年。它的彗尾有1亿公里长。

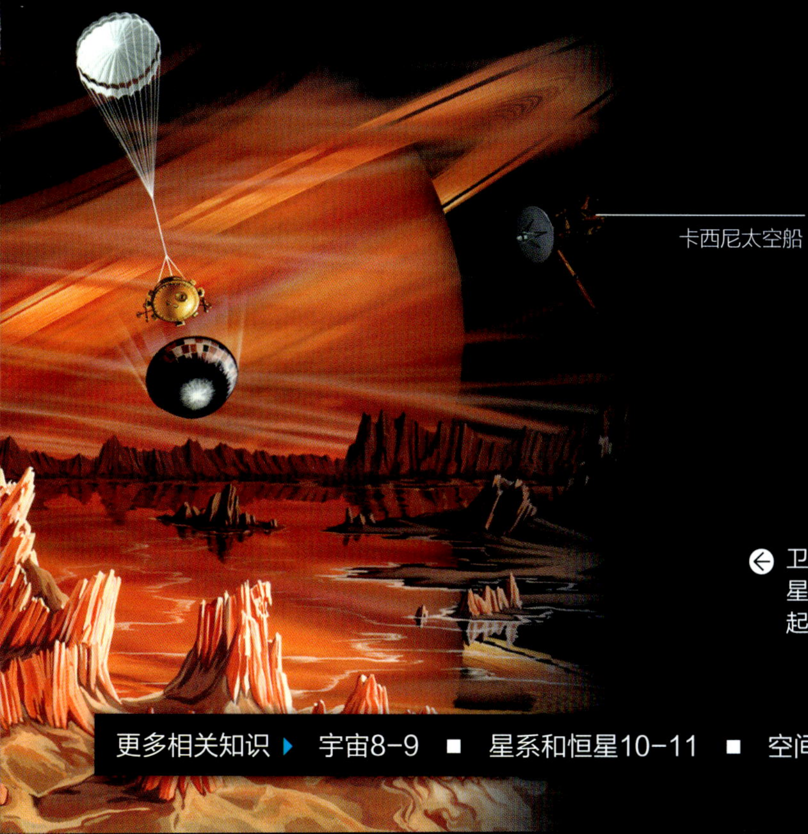

卫星的体积大小足以能够让它有自己的大气层，例如卫星泰坦。2005年，惠更斯探测器登陆卫星泰坦，从那时起，它就发送回来鹅卵石似的冰块和甲烷雨的图片。

更多相关知识 ▸ 宇宙8-9 ■ 星系和恒星10-11 ■ 空间探索20-21

空间探索

1957年，第一艘宇宙飞船——苏联的“卫星一号”，进入绕地轨道，从此开始了“太空时代”。从那时起，宇宙飞船已探测过太阳系中所有的行星和许多卫星及小行星。

无人驾驶飞船，也称为太空探测器，用来进行各种探索试验。有的探测器经过或围绕目标运行，进行拍照和测量。其他探测器则登陆星体，收集样本和进行试验。

“勇气号”和“机遇号”两个探测器已经在火星上行进了数百公里。它们发回来数百张合成照片，向我们展示了淡红色的尘埃、岩石等。

宇宙飞船探索什么？

空间探测器通过专业设备记录和测量星体。这些信息将转换成无线电波发送回地球。摄像机和望远镜可以观测各种光或射线，如红外线、紫外线和各种微波。许多探测器上还装有重力和磁场感应器，以及对空间尘埃等微粒的探测器。

“新视角”号是最远距离的太空探测器，它于2006年发射升空，将于2015年到达矮行星。探测器上装有七种专业探测仪器，包括等离子体探测仪和太空尘埃测量仪。

人类太空探索

目前有宇航人员到达的最远星体是我们的月球。1969—1972年，共有12位美国宇航员搭载阿波罗号登陆月球。国际空间站（ISS）是最大的绕地球运行的基地。已超过六人通过飞船到达国际空间站，并生活几周的时间。他们利用望远镜观测太空，并研究失重的状态会对人类及动植物产生怎样的影响。

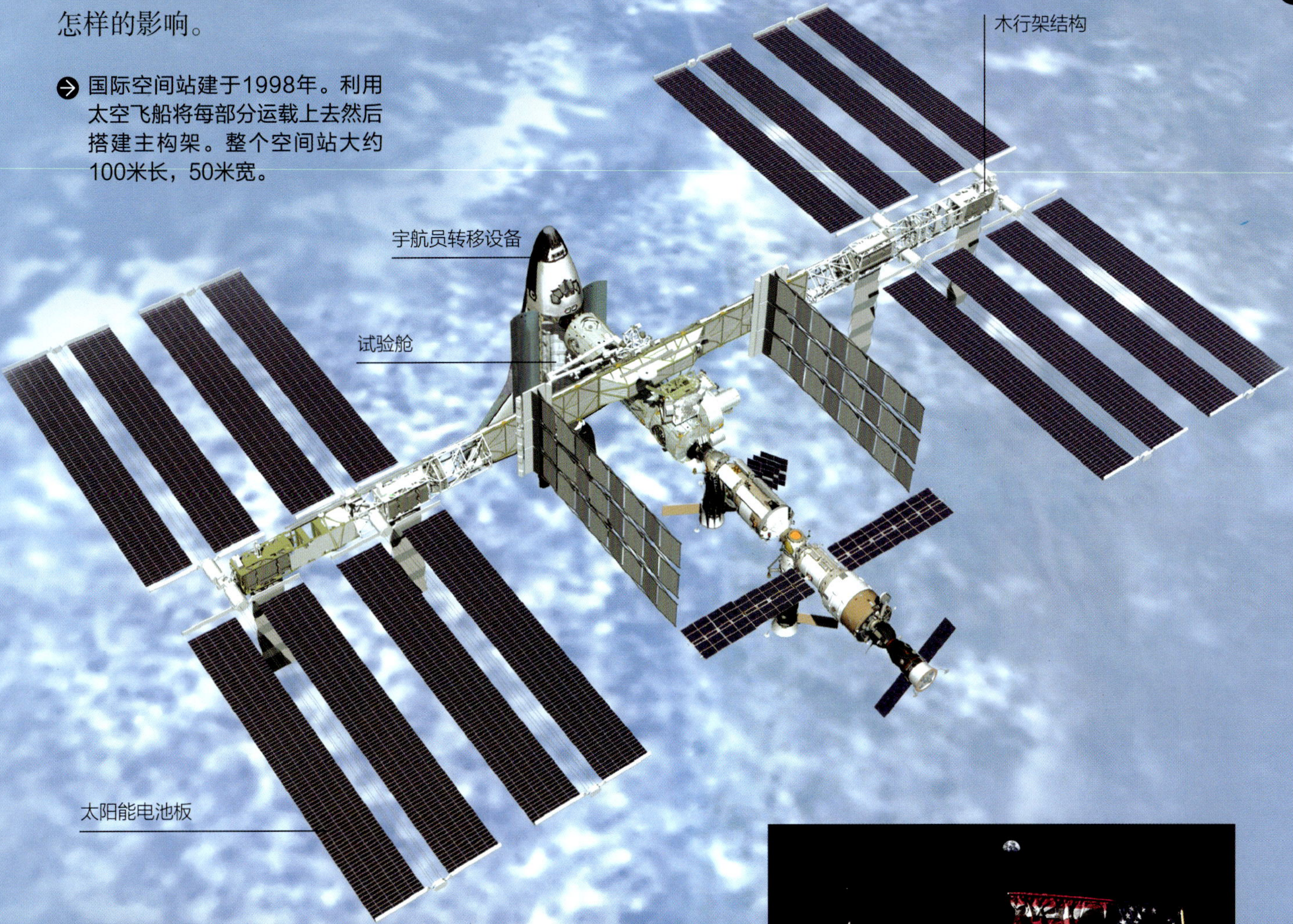

➔ 国际空间站建于1998年。利用太空飞船将每部分运载上去然后搭建主构架。整个空间站大约100米长，50米宽。

试一试

利用一只旧短袜、一个网球和一根细绳来研究宇宙飞船的运行轨迹。

- 步骤1：在一个空旷且安全的地方，将网球放进袜子中，并绑在细绳的一端。
- 步骤2：抓住细绳1米左右的地方并举过头顶，然后让包在袜子里的网球转起来，看看你能让网球转多快。此时网球就像一个宇宙飞船，而你就像一颗行星。
- 步骤3：逐渐加长细绳，则网球的运行轨迹也加长了。每个行星探测器根据其执行任务的不同，都有特定的运行轨迹和时间。

↑ 自1969年7月20日美国宇航员尼尔·阿姆斯特朗登陆月球后，至今一共只有12个人成功登月。

更多相关知识 ▸ 宇宙8-9 ■ 星系和恒星10-11 ■ 太阳和太阳系12-13

万有引力和相对论

万有引力是所有物质和物体都具备的一种引力，小到一粒沙子，大到一颗超大星。如果没有万有引力，那我们的世界将分崩离析，我们也会在空中任意飘荡。

万有引力是宇宙中一种最基本的力。无论是一个原子，还是整个星系，所有物质都有万有引力。同时，也会对其他所有物质和物体产生吸引力。构成物体的原子数越多，原子的体积越大，则物体的质量就越大，万有引力也越大。离物体越远，所受到的吸引力就越弱。

↓ 地球的万有引力使得所有的物体都落在其地面上。射箭时就必须考虑万有引力的作用，它会使射出的箭在击中目标前呈抛物线式前进。

↑ 万有引力使物体有了重量。在太空中，地球的万有引力非常弱，因此物体几乎都处于失重状态，所以在太空中人和物体都是漂浮着的。

不可思议的相对论

- 时间、空间、大小、质量和其他一切特征都是相对的——它们都会因你的位置和速度而发生变化。
- 万有引力是空间的产物，时间则会由于质量巨大的物质而发生弯曲。当靠近一个质量巨大的物体时，时间会变慢。
- 你移动得越快，时间就走得越慢。
- 你移动得越快，你需要移动的距离就越短。
- 只有光速不是相对的。无论在宇宙的任何地方，它都保持恒定值。

万有引力的影响

你自身的万有引力会吸引各种物质，但因为这个力太小，因此在日常生活中不会被注意到。但是，地球很大，我们不得不注意到它的万有引力。它对其周围的所有物体都有很强的吸引力，因此几乎大部分的东西都只能待在地面上。地球的万有引力还延伸至太空，对人造卫星、宇宙飞船和月球等围绕它运行的物体也产生吸引力。太阳巨大的万有引力吸引着所有行星，包括地球、小行星、彗星和在它周围运行的所有星体。

万有引力可以用相对论来解释。时间和空间在质量巨大的物体周围都会由于万有引力的作用而发生弯曲。

弯曲的空间

科学家们认为，万有引力是空间发生弯曲的产物。没有任何物质的空间中存在直线，就像坐标纸一样。质量巨大的物体，如行星或恒星，将改变这一现象，使得空间向着该物体的方向弯曲，而较小的物体则沿着弯曲的线条接近该物体。这是质量巨大的物体通过万有引力吸引更小物体的另一种解释。弯曲空间这一概念是爱因斯坦相对论中的观点之一。

火箭必须达到一定的速度来挣脱地球的万有引力，才能进入太空，这一速度叫做逃逸速度。在地球的近地面处，这一速度为11.2公里/秒。

更多相关知识 ▸ 星系和恒星10–11 ■ 太阳和太阳系12–13 ■ 能量和力24–25

能量和力

能量是使事物发生或改变的能力。它可以通过多种形式表现出来，包括运动、热、光、声、核、电、磁以及万有引力。

能量不是一个单独的物体或特征，它以多种形式存在，且有许多不同的名字。由物体移动或运动引起的能叫做动能。它和物体的质量和速度有关。例如，一只嗡嗡叫的苍蝇肯定比高速行驶火车的动能要小很多。势能则是由物体的位置和状态引发的。一个被拉长了的橡皮筋就拥有势能，可以转化为力并使物体运动。

风动能是由太阳能引起的，当热空气上升时，温度较低的空气就会流入填补之前热空气的位置，便产生了风。

蹦极时，因万有引力的作用人会下落，绑在人身上的橡皮绳也会因此被拉长。当绳子储存了足够的能量后，会释放能量将人重新向上拉起。

能量转化

能量可以从一个物体转移或变化到另一物体上。山顶的一大块石头拥有势能，而当石头滚落时，势能便转换成了动能。当电能经过灯泡时，就转化成了光能和热能。每次转化后的总能量通常和开始前的总能量相同，这就是“能量守恒”。

力的测量单位为“牛顿”。汽车粉碎机产生的巨大压力可达数百万牛顿。

力

力就是通过挤压、推拉使物体移动、改变速度和运动方向，或者改变形状。足球自己不会动，只有人踢了它，给了它一个力后，它才会飞起。这时另外一个力——地球引力会开始作用，球速会逐渐减慢并落到地上。球在空中飞行的时候还会受到另外一个力，即空气的阻力。空气中有各种气体分子，当球飞行时需要把这些分子从飞行轨迹上推开。

基本的力

科学家了解到宇宙中存在四种基本的力。

- 万有引力：任何两个物体或两种物质之间的吸引力。
- 强核力：这种力将原子核中各种粒子结合在一起。
- 弱核力：这种力可将原子从一种类型转换为另一种类型并释放能量。
- 电磁力：电荷或电流在磁场中受到的力。

炸药爆炸时，将化学能瞬间转化为声、光、热以及巨大的爆炸力。

更多相关知识 ▸ 电26-27 ■ 光和光学30-31 ■ 热和冷34-35

电

在舞台上，电可以给扩音器提供动力，把声音放大。电还可以照明，甚至转动风扇，为表演者降温。

我们利用各种各样的能源来产生电，然后通过电缆和电线将电输送出去，再转化成各种形式的能量。

物质是由原子构成的。在原子中还存在更小的粒子，叫做电子。有些物质在受到电动力的作用时，原子最外层的电子可以从一个原子“跳到”另一个原子。就像电池中的化学物质结合时的情况：数百万电子向着同一个方向运动，就产生了电流。

试一试

导体还是绝缘体？

用一个1.5伏的电灯泡、一节电池和三段电线来判断某个物体是导体还是绝缘体。测试的物品可以是铁钉、塑料勺、木勺、咖啡杯、杯中的水以及这本书的一页纸。

- 步骤1：按图中所示，将电线连接起来。
- 步骤2：将电线两端接在一起时，确保灯泡能亮。
- 步骤3：将电线两端依次与测试物品相连，假如灯泡亮，则测试物品为导体；假如不亮，则是绝缘体。

电能可以从许多其他能量转换而来。在电池中，电解质中的化学能可以产生电能。煤和石油等燃料可以通过燃烧释放热量，将水加热变成水蒸气。然后水蒸气驱动发电机的涡轮叶片转动，就可以产生电。电流强度用“伏特”来衡量，电流的总量（电子的数目）用“安培”来表示。

➔ 风可以转动风力发电机，将风动能转换成电能。

更多相关知识 ▸ 能量和力24-25 ■ 磁铁28-29 ■ 运动和力36-37

磁铁

磁性是一种神奇的力，磁铁通过磁性吸引一些物质，尤其是金属物质。磁性与电密切相关：其中一个出现时，另一个则如影随形。

磁性源自微粒子的作用，即构成所有物质的原子。原子中包含带负电荷的电子，它们围绕带正电荷的原子核运动。通常这些电子的运动是无规律的。但是，磁铁所有原子中的电子运动方向相同，将它们的力叠加在一起，使得磁铁的一端产生正磁力（北极），而另一端出现负磁力（南极）。

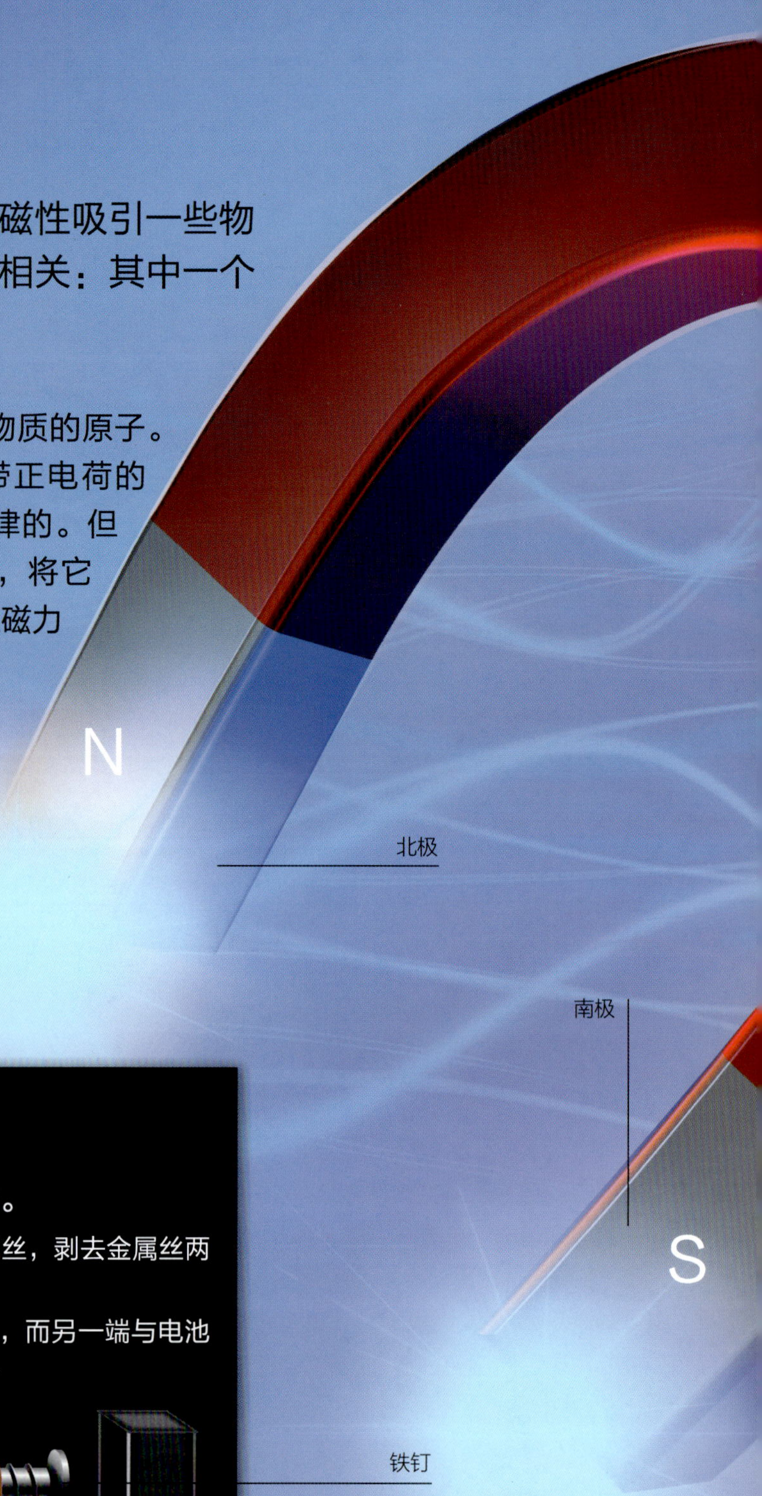

磁铁的两极磁力最强。磁性物体多是趋向于磁铁的两极。

试一试

利用金属丝、铁钉和一个9伏的电池制作磁铁。

- 步骤1：在一枚铁钉上螺旋缠绕一根绝缘的金属丝，剥去金属丝两头的绝缘外皮。
- 步骤2：将金属丝的一端电池的正极（+）相连，而另一端与电池的负极（-）相连。将铁钉靠近碎纸片。

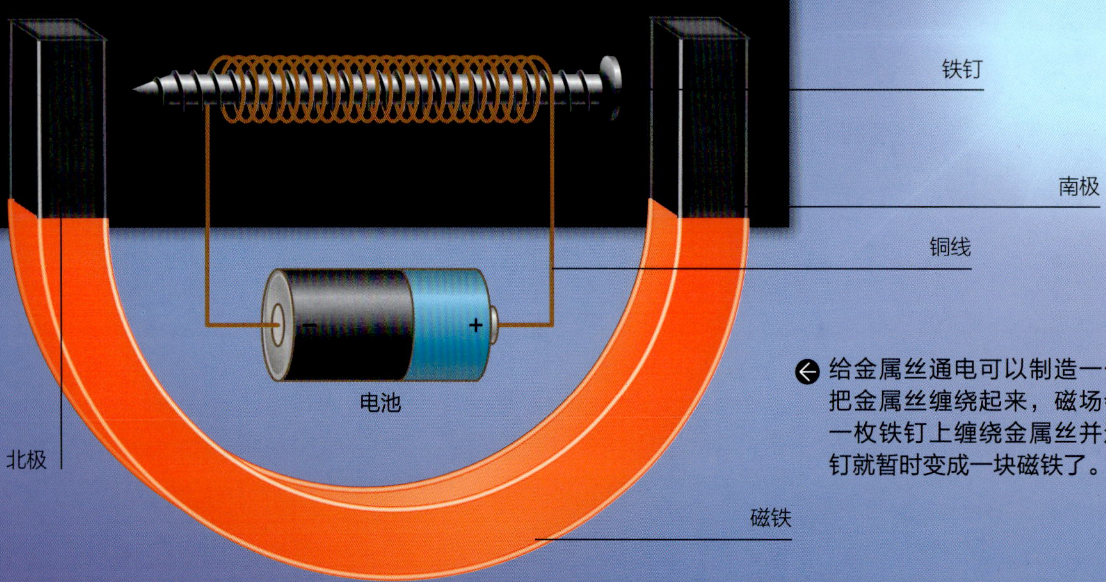

给金属丝通电可以制造一个磁场。若把金属丝缠绕起来，磁场会更强。在一枚铁钉上缠绕金属丝并通电后，铁钉就暂时变成一块磁铁了。

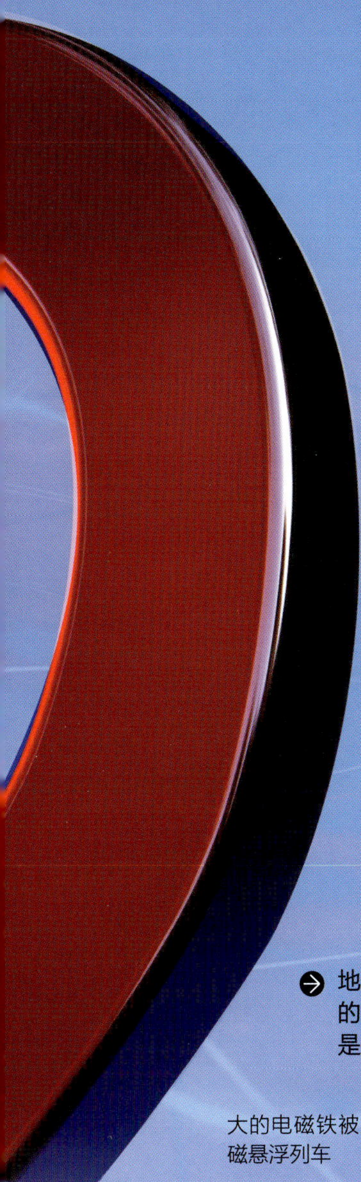

磁性物质

磁体通常由铁或钢（钢也含有铁）制成，所以通常称磁铁。磁铁只吸引部分物质，即磁性物质。磁性物质中通常也含有铁。当两块磁铁靠近时，一块磁铁的北极与另一块磁铁的南极有很强的吸引力，但两块磁铁的北极或南极却相互排斥。这就是“同性相斥，异性相吸”。

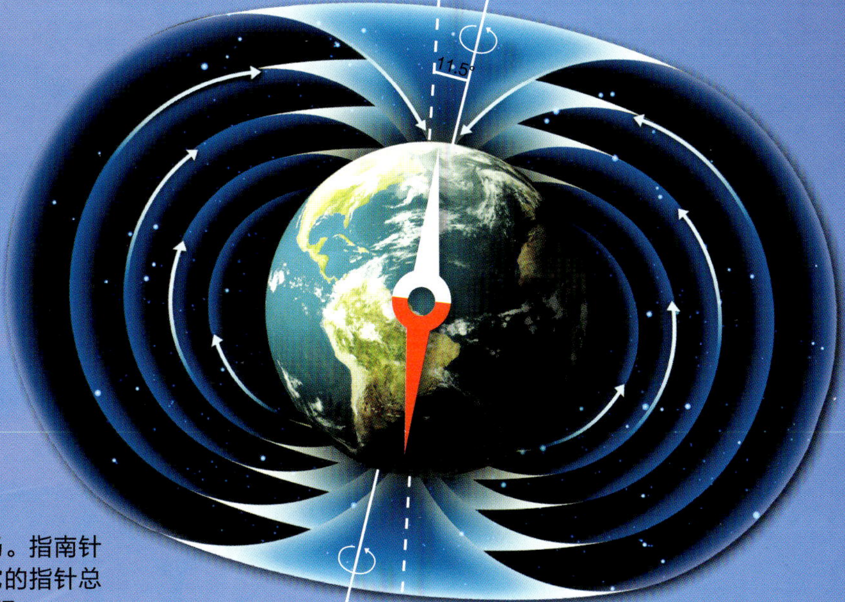

地球本身也有磁场。指南针的工作原理就是它的指针总是指向地球的北磁极。

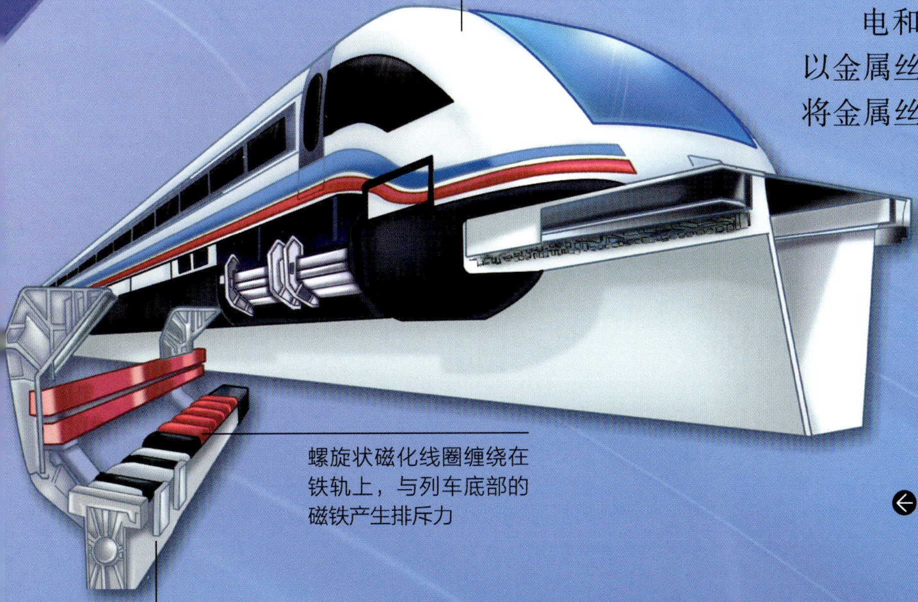

列车悬浮于铁轨上，以消除摩擦力，从而获得更快的速度。

磁和电

电和磁的产生都需要运动的电子，所以金属丝中的电流可以在周围产生磁场。将金属丝缠绕成螺旋状会增强磁性，成为电磁铁。它不像普通磁铁那样一直都有磁性，电磁铁是否有磁性和是否有电流有关。在许多机器或设备中都可以找到电磁铁，例如汽车的遥控锁或电动机。

光和光学

光是电磁能的一种形式，我们肉眼可以看到。光直线运动时，其速度是目前已知宇宙中最快的，大约每秒钟30万公里。

我们看到光的时候，我们实际看到的是电和磁相加而成的电磁波。我们看到太阳或灯泡发出的白光实际是许多颜色的光混合在一起的光，只是看上去呈白色。这些不同颜色的光的波长也不相同。

当光从一种透明物质（比如水、玻璃或空气）进入另一种时会发生折射，这使得吸管看上去就像是折断了一样。

反射和折射

在透明的材料中，光可以直线穿过。如果碰到反光的物质，光就会被反射回来，其反射的角度和反光表面的角度正好相反。镜子、抛光的金属和静止的水面都可以反光。当光从一个透明材料进入到另一个时，比如从空气到水中，光的速度改变，因此发生弯曲，即光的折射。

电磁波的波长范围很宽，我们称之为电磁波谱，光波也是一种电磁波。图中显示了七种电磁波，每种的波长都不相同。

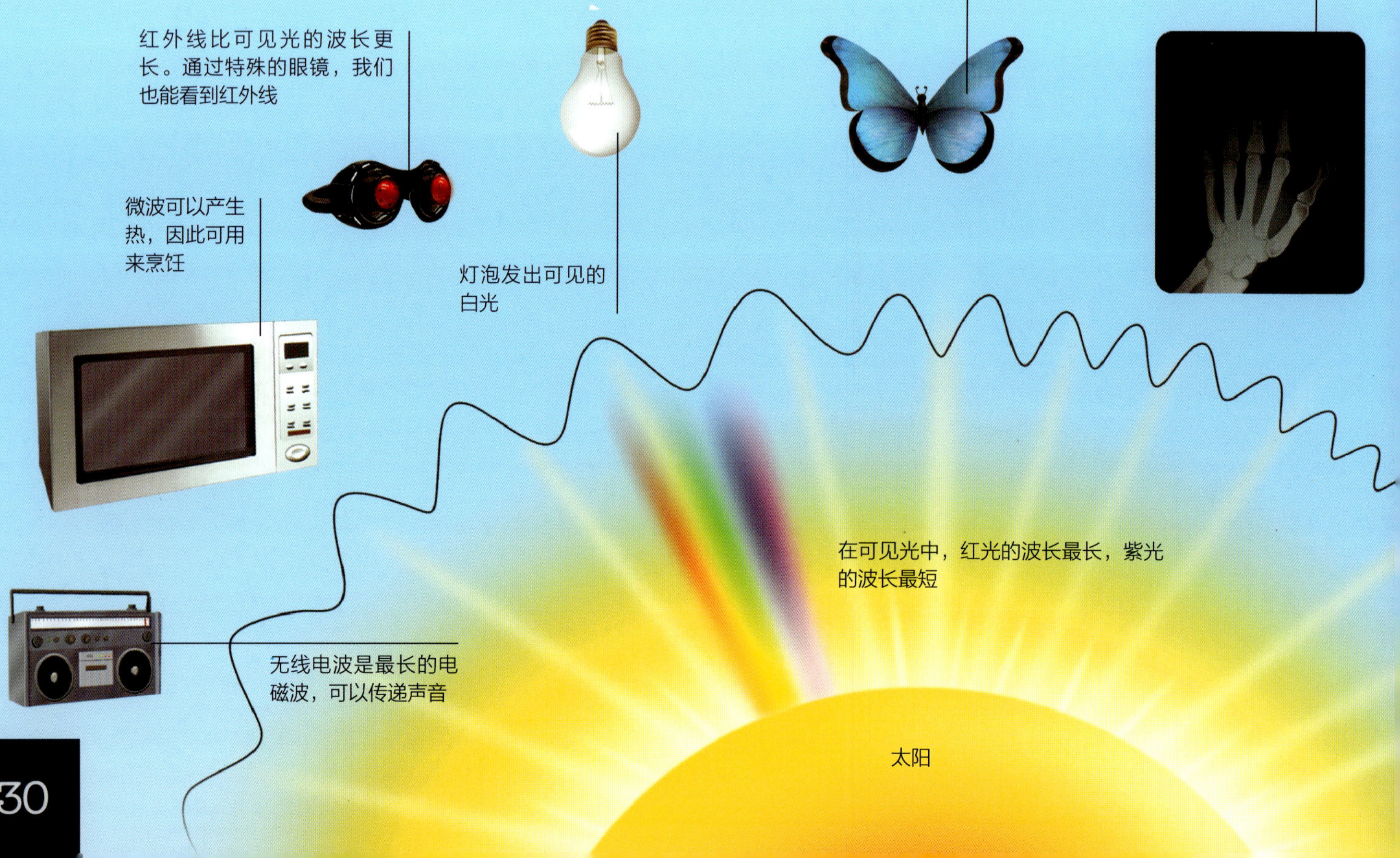

激光

激光是能量强大的光束，通常由含有晶体或类似物质的机器产生。和普通的光束不一样，激光光束不会分散，而且它是单色光，而不是多种颜色混合在一起的光。激光用途广泛，从CD/DVD播放器到仓储扫描仪。由于激光的能量可以集中于一点，这样的特性可以在手术过程中用来切开皮肤，或者在工厂里用来切割金属。

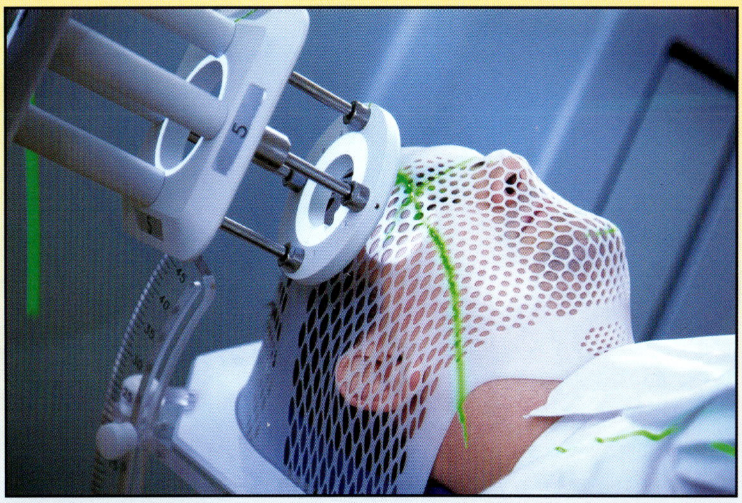

医疗激光仪器精度非常高，可以用刀片一样薄的光束把坏死的组织去掉，同时封住血管，减少血液的流失。激光甚至可以用来修复眼睛等复杂精细的部位。

试一试

透明还是不透明？

光可以轻易穿过透明的物体。那些只有部分光线可以穿过的物体为半透明，而那些阻挡光线穿过的则为不透明的物体。

用手电筒测试各种物体。

- 步骤1：搜集各种材料，比如纸、卡片、棉花、各种玻璃和塑料等。
- 步骤2：在黑暗的房间中打开手电筒，让光束穿过物体并投射到白墙上。

观察哪些物质是透明的、半透明的或不透明的。

当数百万的小雨点折射、反射白色的太阳光时，就会呈现出组成白光的各种颜色的光，也就形成了彩虹。

伽马射线是最短的波，放射性物质可以释放伽马射线

声音和声学

即便是在最安静的地方也会有各种微弱的声音，比如风声、树叶的沙沙声、远处的车流声等等。声音在我们的日常生活中非常重要，研究声音的学科便是声学。

声音是空气中看不见的“波”。因为振动使得空气颗粒移动，空气颗粒碰到其他物质，并将振动传播给它，便产生了声波。单位时间内声波的数量便是频率。我们用赫兹（Hz）来衡量声音的频率。长波的频率低，听上去也更低沉（比如隆隆的雷声）；短波的频率更高，声音听上去也更高亢、明亮。

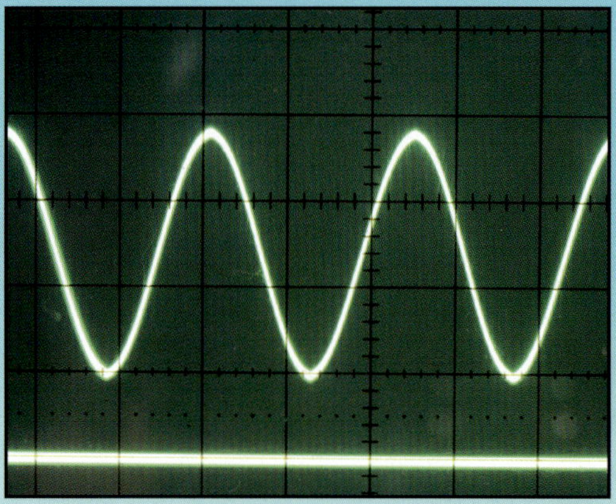

声音从声源传出后，其经过的区域有的地方气压高，有的地方气压低。高压区就像是波峰，而低压区则是波谷。

声源和音量

物体振动或快速移动都会发出声音，比如吉他弦、鼓膜、喇叭以及人的喉咙等。物体振动得越快，频率就越高，声音的音调也就越高。物体移动的距离越大，声波就越高，我们听到的声音就越响，也就是说音量就越大。音量的测量单位为“分贝”。

麦克风中有可以弯曲的膜片，当声音传入碰到膜片后，它可以将声音转换为电信号。

超声和次声

大部分人能听到的声音频率为20Hz至20000Hz。频率比这个范围更低的声音极其低沉，称之为次声。一些动物（比如大象）可以听到这种声音。而频率更高的声音我们称之为超声。比如海豚、蝙蝠等动物就可以发出和听到超声波。

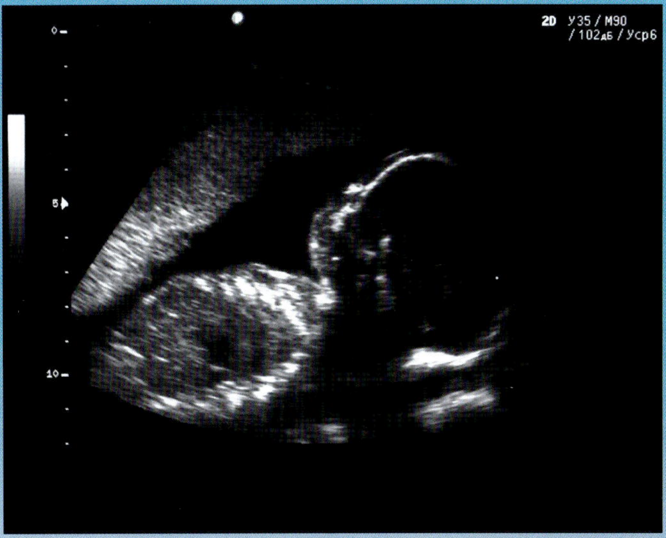

超声波扫描仪可以产生高频率的声波。这种超声波可以进入身体，被身体的不同部分发射回来，然后就会呈现出图像。图中所示为子宫中的胎儿。

回声

和镜子可以反射光一样，声波碰到坚硬的平面也会反射回来，这种现象就是回声。

声音的速度

- 光速大约是音速的100万倍。
- 常温下，空气中的音速平均为每秒335米（约1205公里/小时）。
- 音速随着温度的降低而降低。所以在高空中，气温非常低，音速大约为每秒300米（约1079公里/小时）。
- 声音在水中的速度更快，约为每秒1500米（约5398公里/小时）。
- 声音在固体中的传输速度更快，约为每秒6000米（约21594公里/小时）。

当速度超过声音的速度时，声波就会被挤压在一起，然后产生巨大的声音，称之为声爆。1997年，一辆名为Thrust SSC的喷气汽车的速度超过了音速，达到了每小时1228公里。

更多相关知识 ▸ 光和光学30-31 ■ 运动和力36-37 ■ 化学反应42-43

热和冷

热是由组成所有物体的原子和分子运动产生的，也就是大家所熟知的热能。原子或分子运动得越快，产生的热能就越多。冷仅仅是因为缺乏热能。

所有的物质都由原子和分子组成。它们围绕中心位置运动的越多，产生的热能也就越多。温度是用来衡量冷和热的尺度。我们用温度计来测量温度。通过燃烧燃料也可以产生热，比如烧木材、煤炭、石油、酒精或柴油。燃料在燃烧的过程中，原子或分子会重新排列，打破原来的结构，并将化学能转化为热能。

温度对于日常生活来讲非常重要。热带的植物和动物喜欢25℃以上的温度，而北极熊则更喜欢10℃以下的温度。

热传递

热通过三种方式传递。

- 传导：物质中的原子或分子振动可以碰撞到旁边的其他原子，其他原子也会振动，从而将热传递下去。
- 对流：许多高温的原子或分子可以从一个地方移动到另一个地方。比如热空气的上升和海洋中暖流的运动。固体中不会发生对流现象。
- 辐射：热以射线或波的形式传递，即通常所说的红外辐射。

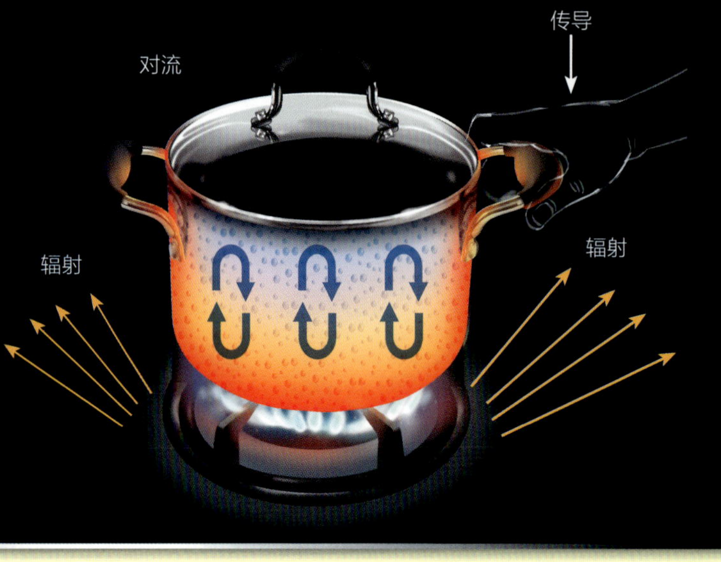

测量温度

当物质变热时，它们的体积也会变得更大。在液体温度计中，温度升高时，液体会沿着细管延伸，相应的刻度表就是告诉我们温度的高低。在热电偶温度计中，根据温度的高低，电子在两种不同金属结合处的流动也会不同。双金属温度计由两片不同的金属组成。当温度升高时，两种金属延伸的长度不同，金属片便会弯曲，指示不同的温度。

研究非常低的温度的学科为低温学。最低的温度为绝对温度：-273.15℃。在这个温度下，原子和分子都不再运动。

将塑料或金属等物质加热，当温度高于它们的熔点时，它们就会变成液体。将液体倒入模具，它们冷却后就会变硬，制成各种形状。

热和形态变化

固体被加热时，它的原子和分子就会振动加剧。在某一特定的温度，原子和分子就会离开原来所处的位置，可以自由地移动。于是，固体就变成了液体。当热量继续增加，它们移动就更加不受约束，便会从液体变为气体。每种物质都有它们的熔点和沸点。冰在0℃融化为水，而水在100℃沸腾，变为气体。

食物放置在0℃以下的环境时，微生物就会停止工作，食物也就不容易腐烂变质。

更多相关知识 ▸ 地球的构造46-47 ■ 海洋58 ■ 火山60

运动和力

我们的生活中充满着各种利用力学原理的机器、设备、工具和小零件。这些原理包括运动、力和能量等基本物理概念。

机械装置利用能量和机械原理才能发挥作用。机械装置可以很简单，比如斜面、杠杆、轮轴、滑轮、齿轮以及螺丝钉等。一些简单的机械装置组合在一起就可以形成一个复杂的机器，比如自行车。机械装置还需要能量才能工作。人不断地蹬踏板就可以给自行车提供能量。电是电动马达和电磁铁的能量来源。汽车的发动机通过燃料中的化学能提供能量。

让一切更轻松

机器通常可以完成我们人类不能完成的任务，或者至少让我们完成得更加轻松。如上图中的自行车齿轮，一个重要的原理就是机械效率。使用低速齿轮时，我们可以轻松地骑上山坡，但是蹬踏板的次数增加了很多。最终，无论是用低速齿轮还是用高速齿轮，我们爬上山坡所做的功是相同的。只是低速齿轮可以让我们更容易完成任务。

↑ 自行车有多种简单的机械装置，比如刹车是杠杆，脚踏板是曲轴，还有齿轮、链条、车轮等。

试一试

增速传动

我们可以躺在自行车旁，观察齿轮是如何工作的。

- 步骤1：将带有颜色的条带贴到自行车后轮上，以便计算转动的圈数。
- 步骤2：将自行车调到低速档。缓慢转动10圈踏板，数一下后轮转动的圈数。
- 步骤3：将自行车调到高速档，同样转10圈踏板，计数后轮的圈数。后轮转动的圈数增加意味着自行车行进距离也增加了，但是你需要更多的力去转动踏板。

喷气发动机就是利用燃料的燃烧喷出气体，推动飞机前行。燃料也是通过扇叶一样的涡轮叶片转换成旋转运动的。

液压机利用压力下的液体进行工作。在很小的表面作用一个力就可以在活塞上产生很大的力。比如挖掘机等重型建筑机械都会用到液压原理。

运动的类型

机械装置有多种运动类型。直线运动是沿着直线进行运动；振荡运动是来回地往复运动，就像钟摆一样；旋转运动呈环状旋转，比如车轮就是旋转运动。许多机械装置可以改变运动的方式。在汽车发动机中，活塞的往复运动通过曲轴变成主发动机轴的旋转运动。发动机轴的转动再通过许多齿轮的传动，将力量传输到车轮上。

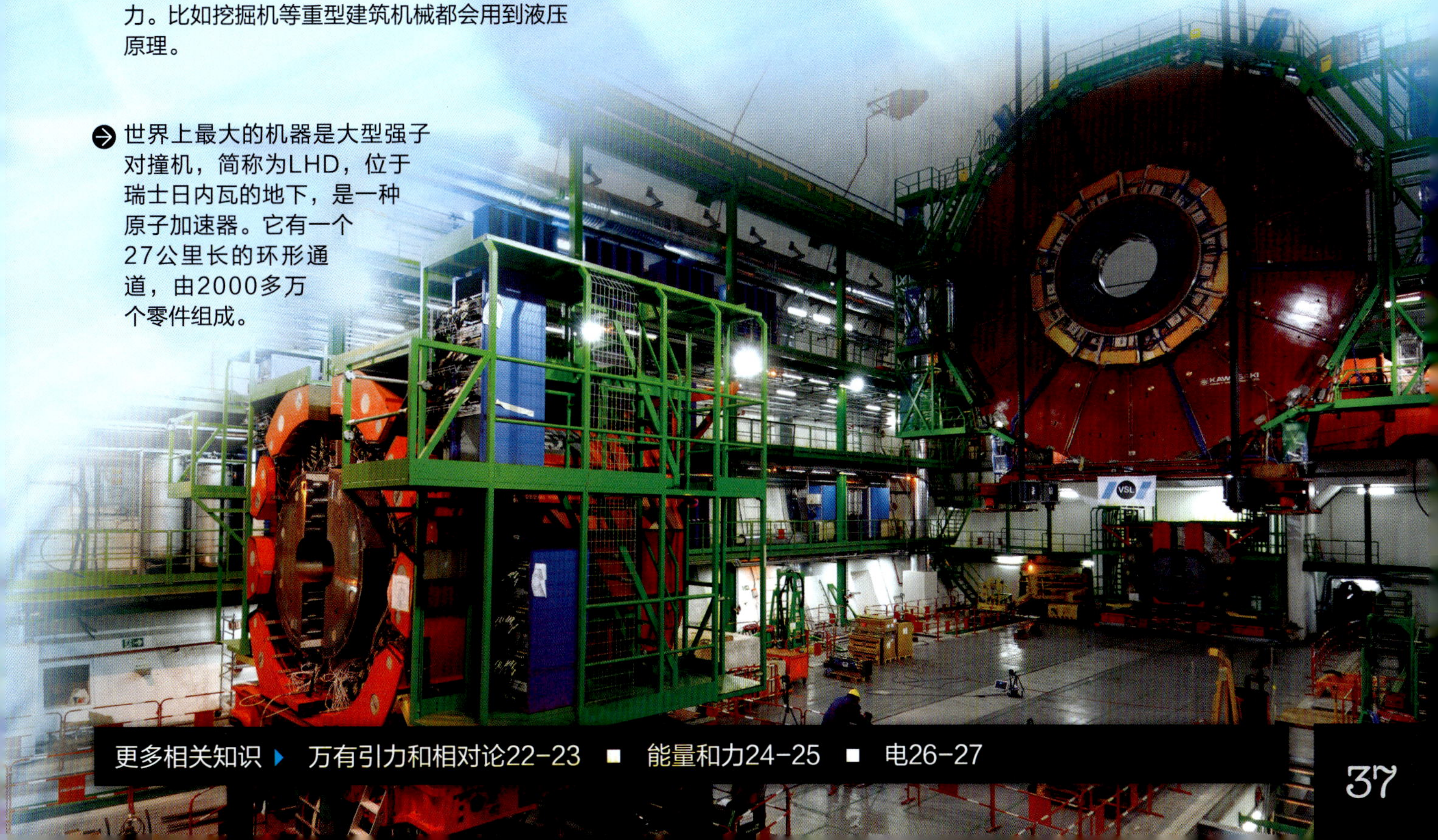

世界上最大的机器是大型强子对撞机，简称为LHD，位于瑞士日内瓦的地下，是一种原子加速器。它有一个27公里长的环形通道，由2000多万个零件组成。

物质、原子与分子

所有的物质都是由称为“原子”的细小粒子组成，这是自然科学的一个重要概念。物质可以是固体、液体或者气体。所有的物品和物体都是由物质组成。

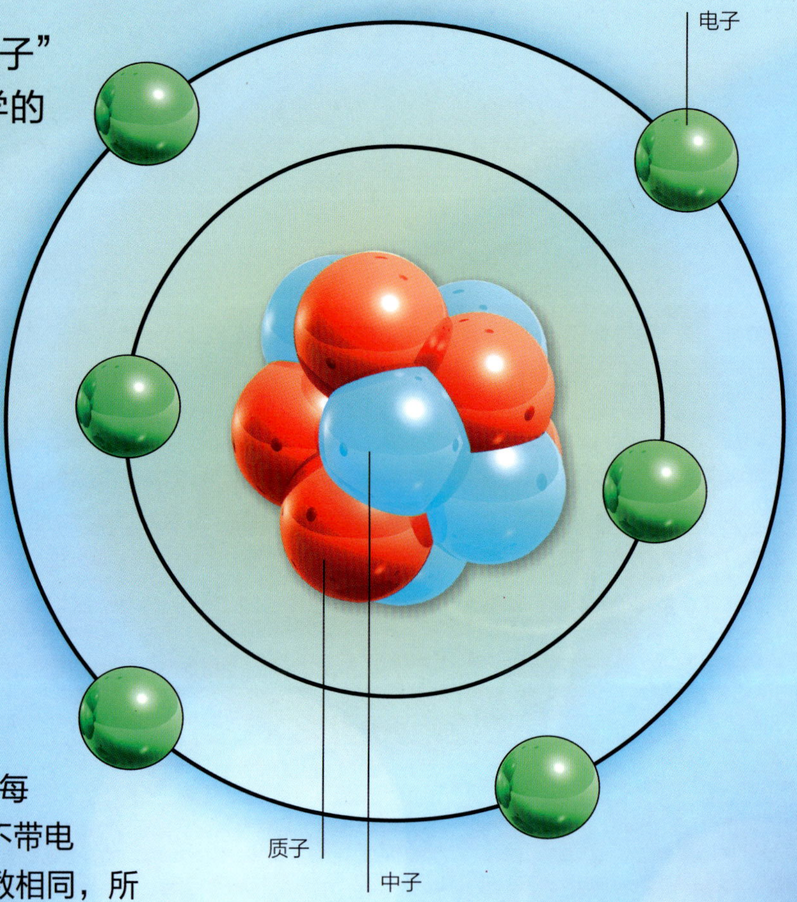

原子核包含质子与中子。电子则在原子中围绕原子核快速运动。

原子

原子是物质的基本组成部分或单元，但不是最小单元。大部分原子是由三种更小的粒子组成：质子、中子和电子。质子和中子位于原子中心，组成原子核。电子围绕原子核运动，并在壳内。每个电子带一个负电荷（－），每个质子携带一个正电荷（＋），中子不带电荷。通常，原子含有的质子数和电子数相同，所携带的正电荷和负电荷也相同，因此原子也不带电荷。

分子

分子是由两个或多个原子结合在一起形成。最常见的例子就是氧气。氧气的化学符号是O，两个氧原子结合在一起就形成氧分子，写作O_2。葡萄糖分子有6个碳原子（C）、12个氢原子（H）以及6个氧原子，因此写作$C_6H_{12}O_6$。这种由两种或多种原子组成的分子，称为化合物。一些超大的分子，例如一些塑料分子，由数千甚至上百万个原子组成。

聚合物是非常巨大的分子。当称为“单体”的小分子连接在一起成为长链的时候就形成了聚合物，而这些单体就好像是项链上一颗颗的珍珠。许多塑料都是聚合物。

不同的原子

每种纯净的物质或元素，其原子内部（见下页）的排列组合是不同的。例如，氧的原子核由8个质子和8个中子组成，8个电子围绕在氧原子核周围；而金属铁则有26个质子、30个中子和26个电子。铁和氧一样，其质子数和电子数相同，但是中子的数量不同。

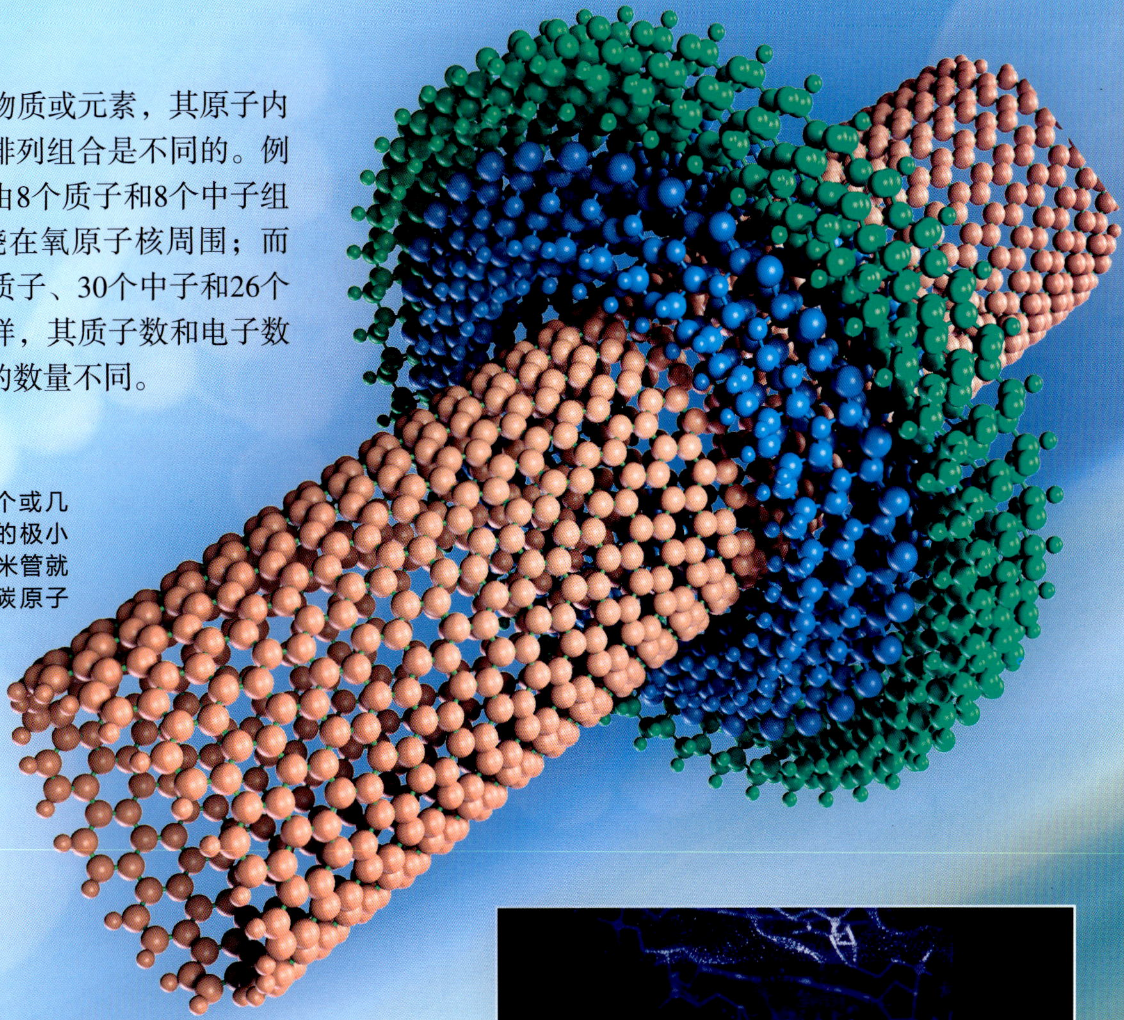

纳米器件是由一个或几个分子构建而成的极小的设备。比如，纳米管就是由管状排列的碳原子形成的单个分子。

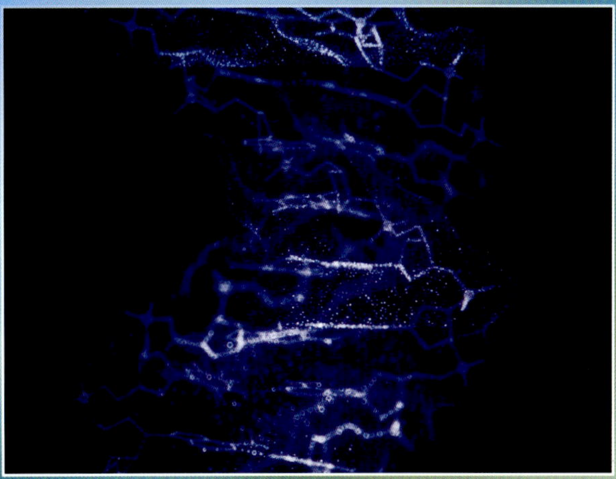

当X射线撞击某种物质时，其分子就会被反射回来或发生弯曲（衍射），而且各个方向都有，便形成一个复杂的图谱。科学家根据这个图谱就可以分析出分子内部的原子是如何分布的，这便是X射线结晶学。

简单常识

原子概念的变化

- 早在2400年前，希腊哲学家德谟克利特就提出了这样的概念：所有物质都是由细小颗粒组成的。
- 大约100年前，科学家提出了原子的“太阳系”模型，认为电子在一定轨道上围绕原子核旋转，就像行星围绕太阳运转一样。
- 现代科学观点则认为电子的运动是不规则的，其在原子核外的运动轨迹呈“云”状分布。
- 质子和中子等粒子由更小的粒子组成，称为“夸克”。

更多相关知识 ▶ 星系和恒星10–11 ■ 热和冷34–35 ■ 固体、液体和气体44–45

元素和元素周期表

化学元素是纯净的物质，也就是说是由相同的原子组成的。通过加热、低温或者加入其他化学药品，均不能从一种元素中分离出其他的物质。每种元素有一个化学符号，比如碳的化学符号是C。

元素周期表

地球上天然存在的元素有94种，而在实验室制造出来的有20多种。将这些元素按照一定规律排列在一起就形成了元素周期表。元素周期表中，每行的原子数和原子质量从左至右增大，下一行又比上一行大。每列中的元素，从上到下逐渐变重，但是拥有相似的物理性质和化学性质。例如，第一列元素中，除氢以外都是硬度低、银白色、重量轻的金属。

元素周期表中有每种元素的名称、化学符号、原子数以及其他信息，其排列方式显示了不同元素之间的差异和相似性。

图例：非金属；碱金属；碱土金属；过渡元素；其他金属；准金属；卤素；惰性气体；镧系元素；锕系元素

周期＼族	1	2	3	4	5	6	7	8	9	10	11	12	13	14	15	16	17	18
1	1 H 1.008																	2 He 4.003
2	3 Li 6.941	4 Be 9.012											5 B 10.81	6 C 12.01	7 N 14.01	8 O 16	9 F 19	10 Ne 20.18
3	11 Na 22.99	12 Mg 24.31											13 Al 26.98	14 Si 28.09	15 P 30.97	16 S 32.07	17 Cl 35.45	18 Ar 39.95
4	19 K 39.10	20 Ca 40.08	21 Sc 44.96	22 Ti 47.88	23 V 50.94	24 Cr 52	25 Mn 54.94	26 Fe 55.85	27 Co 58.47	28 Ni 58.69	29 Cu 63.55	30 Zn 65.39	31 Ga 69.72	32 Ge 72.59	33 As 74.92	34 Se 78.96	35 Br 79.9	36 Kr 83.8
5	37 Rb 85.47	38 Sr 87.62	39 Y 88.91	40 Zr 91.22	41 Nb 92.91	42 Mo 95.94	43 Tc (98)	44 Ru 101.1	45 Rh 102.9	46 Pd 106.4	47 Ag 107.9	48 Cd 112.4	49 In 114.8	50 Sn 118.7	51 Sb 121.8	52 Te 127.6	53 I 126.9	54 Xe 131.3
6	55 Cs 132.9	56 Ba 137.3	57 La 138.9	72 Hf 178.5	73 Ta 180.9	74 W 183.9	75 Re 186.2	76 Os 190.2	77 Ir 192.2	78 Pt 195.1	79 Au 197	80 Hg 200.5	81 Tl 204.4	82 Pb 207.2	83 Bi 209	84 Po (210)	85 At (210)	86 Rn (222)
7	87 Fr (223)	88 Ra (226)	89 Ac (227)	104 Rf (257)	105 Db (260)	106 Sg (263)	107 Bh (262)	108 Hs (265)	109 Mt (266)	110 Ds (271)	111 Rq (272)	112 Uub (285)	113 Uut (284)	114 Uuq (289)	115 Uup (288)	116 Uuh (292)	117 Uus 0	118 Uuo 0
			6	58 Ce 140.1	59 Pr 140.9	60 Nd 144.2	61 Pm (147)	62 Sm 150.4	63 Eu 152	64 Gd 157.3	65 Tb 158.9	66 Dy 162.5	67 Ho 164.9	68 Er 167.3	69 Tm 168.9	70 Yb 173	71 Lu 175	
			7	90 Th 232	91 Pa (231)	92 U (238)	93 Np (237)	94 Pu (242)	95 Am (243)	96 Cm (247)	97 Bk (247)	98 Cf (249)	99 Es (254)	100 Fm (253)	101 Md (256)	102 No (254)	103 Lr (257)	

原子数和原子质量

一种元素的原子数就是其原子核中质子的数量。既然带正电荷的质子通常被带负电荷的电子所中和，那么原子数也就是电子的数目。原子质量是原子核中质子和中子的数量。随着数量的增加，元素的重量也增加。轻金属铝的原子数是13，原子质量为27；而重金属铅则为82和207。

硅片

行星式研磨抛光机

纯净硅是制造微芯片和其他电子器件必不可少的元素。它是地球上最为丰富的元素之一，仅次于氧。

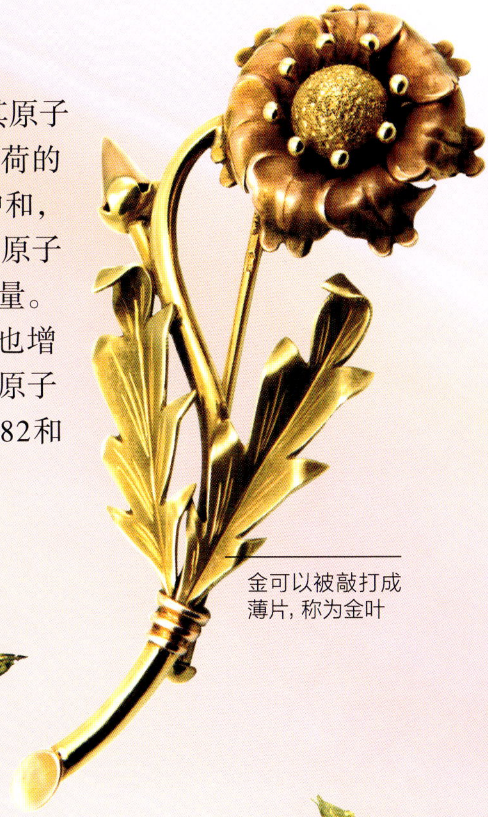

金可以被敲打成薄片，称为金叶

金的元素符号是Au

有史以来，稀有金属——金就一直是最珍贵的元素之一。许多帝国是依靠财富的收集才建立起来的。

简单常识

最新命名的元素

- 最重的人造元素是鎶，化学符号是Cn，是在2010年2月命名的。
- 鎶的原子数是112，原子质量为277，于2010年获得官方认证。
- 1996年，人类首次合成了该元素的一个原子，此后合成的原子数少于100。
- 鎶是一种金属，但室温下可能呈液态，类似于水银（汞）。
- 目前已知最重的元素原子数为118，但是目前还未被充分研究和命名。

更多相关知识 ▸ 物质、原子与分子38–39 ■ 化学反应42–43 ■ 固体、液体和气体44–45

化学反应

当两种物质结合形成一种或多种新物质时就会发生化学反应。通常，化学反应非常难以逆转，反应产物也很难还原成原来的物质。

在化学反应的过程中，原子或原子基团分离并以不同的方式重新组合，形成新的物质。例如，如果亮金属——钠（Na）的原子和绿色的有毒气体——氯（Cl）结合在一起就形成了氯化钠（NaCl），也就是我们所熟知的食盐。

玻璃制品（如图所示）是由沙子、纯碱和石灰岩制作而成的。当这些物质在熔炉中加热时，就会形成玻璃（见第160页）。

引发反应

某些化学物质难以发生化学反应，比如金属、塑料和陶瓷，称之为惰性物质。而有些物质在常规条件下很容易发生反应，比如漂白剂。为了让化学物质发生反应，通常采用加热、加压或通电等方式，也可以添加称为催化剂的化学物质。催化剂可以促进化学反应的发生，而催化剂本身并不发生任何变化。

烤蛋糕等烹饪活动就是加热导致的化学反应。而一旦你做好了蛋糕，就不能将其再分离成面粉、糖、鸡蛋、水或其他原料。

混合物和化合物

当两种或多种元素通过化学方式结合在一起就形成了化合物。这和两种物质简单混合在一起不同。如果沙子和盐混合在一起，它们很容易分离。但是，如果沙子和盐在一起加热，它们就会发生化学反应。从化学角度来讲，沙子是二氧化硅，而盐是氯化钠。当两种物质混在一起发生反应，会形成四氯化硅，一种散发着刺鼻气味的危险液体。

色谱仪是一种可以以某种方式（比如加热）改变物质的仪器，从而发现化学物质的组成。这个过程就是化学分析。

清洁剂是一种家用化学物质，可以和灰尘、污垢等发生反应，并将它们去除。

试一试

分离混合物

通过干净的沙子和食盐来示范如何分离混合物，不是化学反应形成的化合物。

- 第1步：将三汤匙沙子和等量的食盐在干净的容器中混合在一起。如果把沙子一粒粒捡出来，那会花费非常长的时间。
- 第2步：向容器中加温水溶解食盐，然后将盐溶液导入另外的容器中，只留下沙子。
- 第3步：盐溶液变干后会再形成盐。

固体、液体和气体

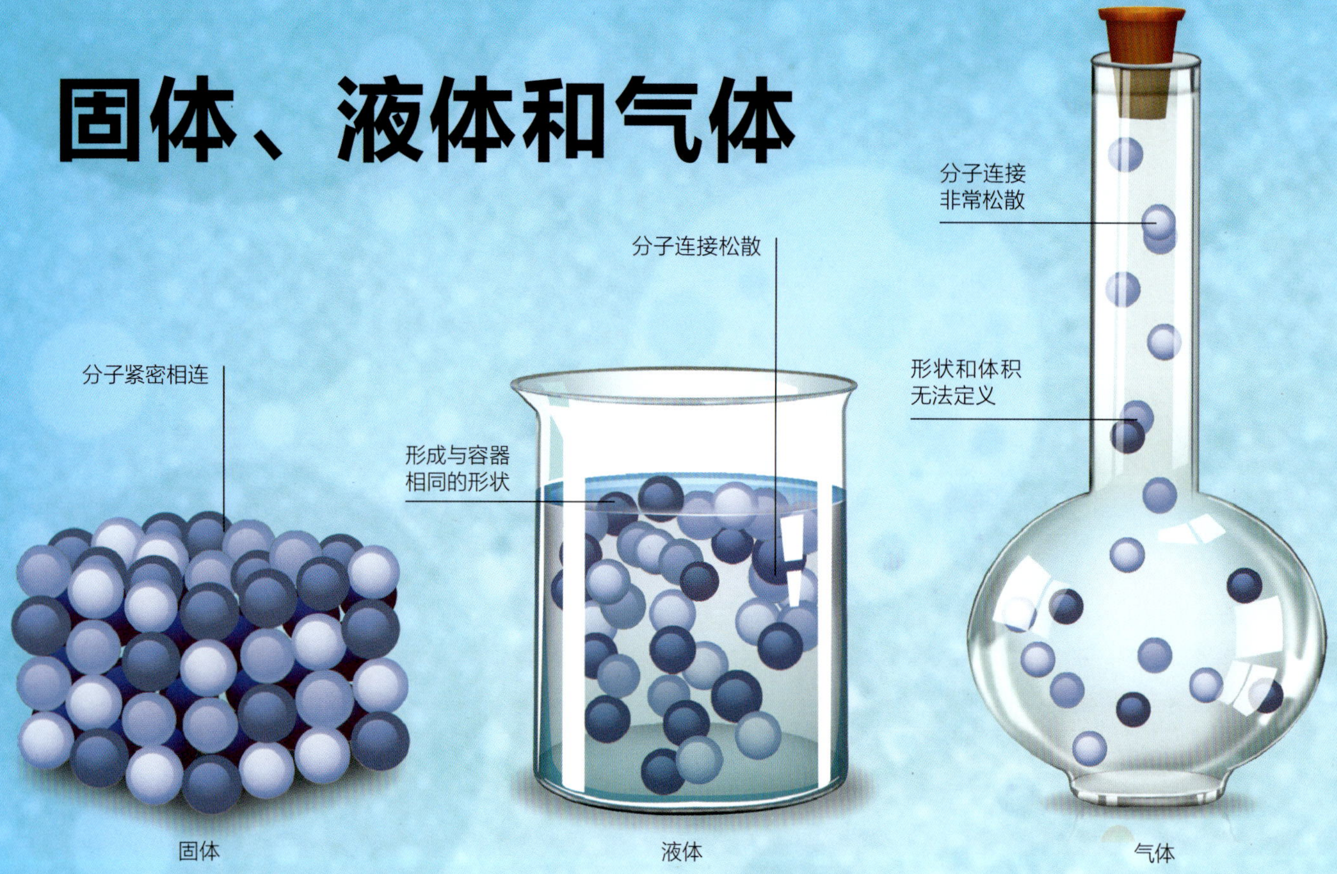

大多数物质都有三种形态，或者说三个阶段或三种状态，那就是固体、液体和气体。呈现出哪种形态主要与温度有关，与压力也有一定关系。

↑ 固态时，原子固定在某个地方；液态时，原子可以近距离移动；而在气体状态下，原子可以任意移动，多远都可以。

室温下，水是液体。大多数液体可以移动、流动以及改变形状。然而，尽管液体可以随着容器而改变形状，但却不能改变其所占用的空间。液体所占有的空间就是体积。将水放入冰箱的冷冻室就会变成固体的冰。多数固体都是坚硬，不能变形的。当水煮沸就变成气体，称之为水蒸气。气体不仅可以流动、变形，还可以改变其体积，不断延伸、扩散，填满整个空间。

← 由于山顶空气稀薄，气压较低，水的沸点也较低。因此，在山顶，水较容易沸腾，但是要将鸡蛋煮熟却需要更长的时间。

水可能在低于90°C时沸腾

形态变化

从固体变为液体称为融化，而相反的过程称为凝固。从液体变为气体称为沸腾或蒸发，反之称为凝结。低压使得沸点降低，高压则可以使沸点升高。

固体二氧化碳称之为“干冰”。当缓慢加热时，会产生雾状水蒸气，因此常被用于电影拍摄以制造诡异的效果。

当气体非常热的时候，物质会出现第四种形态或阶段——等离子体。等离子显示器中，许多非常小的腔室中充满气体，然后被加热形成等离子体并发出耀眼的光芒（见第174页）。恒星就是由等离子体组成的。

缺失的形态

- 我们肺中呼出的气体——二氧化碳并不能通过降温变成液体。它直接从气体变为固体，这个过程称之为凝华作用。
- 这种情形出现在−78.5℃时。
- 当固体二氧化碳被加热时，它可以直接变为气体，称之为升华。

原子与形态

物质的形态与热能有关（见第35页）。在固体中，原子和分子几乎是固定的，就像墙内的砖一样，不能做太多的移动。施加额外的热量时，原子和分子会发生颤动或振动，打破之前的状态。它可以不断移动，但始终在一定的距离之内。这就是液体形态。再增加更多的热能，原子和分子就可以随意移动，这就是气体形态。

更多相关知识 ▸ 岩石态行星14-15 ■ 光和光学30-31 ■ 热和冷34-35

地球的构造

我们的地球似乎是坚固且静止不动的，而现实却恰恰相反。作为距离太阳第三远的行星，地球并不完全是固体的，而且也不是静止的。事实上，它一直在运动。

地球主要分为三层。外表层是坚硬的岩石层。超过2/3的外表层被水覆盖，其深度范围为5—70公里，地面以下的深度要比海洋大。岩石层下面是地幔，大约2900公里厚。地幔下面是地核，它又分为两部分——外地核和球状的内地核。

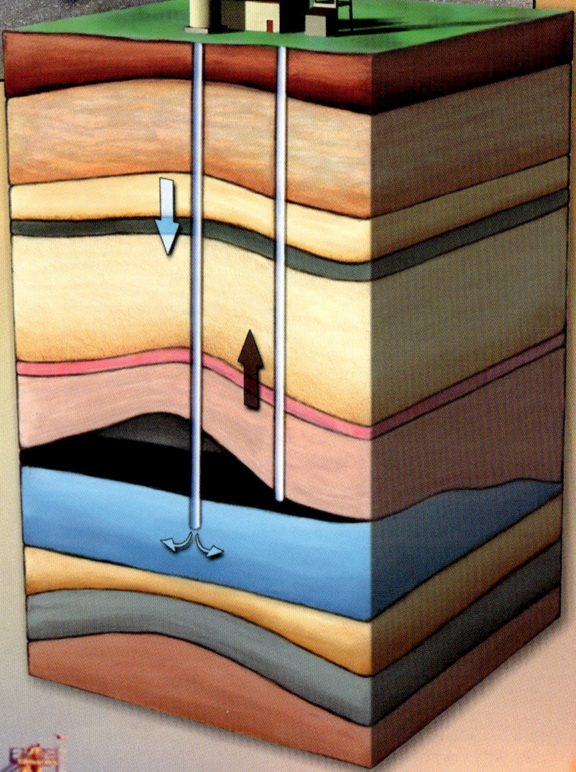

提炼石油非常复杂，涉及很多步骤。

如图所示的石油钻塔一般建在海床上提炼石油和天然气。

有趣的事实

地球测量数据

- 赤道直径：12756公里
- 两极直径：12713公里
- 赤道圆周：40075公里
- 陆地面积：14900万平方公里
- 海洋面积：36100万平方公里
- 体积：约10832.07亿立方公里
- 质量：接近600亿吨。

地球70%的表面被海洋和河流覆盖。从太空往下看，地球的一半左右都被云层遮挡住了。

地壳

地壳大部分为坚硬的岩石，反映了地球表层的主要分布特征，包括山脉、丘陵、山谷和峡谷——都分布在地表或海底。地壳是由几个大板块构成的，而非一整块（见下一页）。假如把地球比作一个苹果，按比例来说，地壳的厚度比苹果皮还薄。

地幔和地核

地幔也像地壳一样，主要为岩石。由于随着深度的增加温度和压力都加大，因此地幔的温度非常高，且岩石被挤压得如同特别浓的奶昔，能够缓慢移动。地核外层主要为铁，并含有少量的镍，能够像蜂蜜那样流动。坚硬地核中心也是类似的金属物质，其温度达到5700℃，几乎与太阳表面的温度一样。

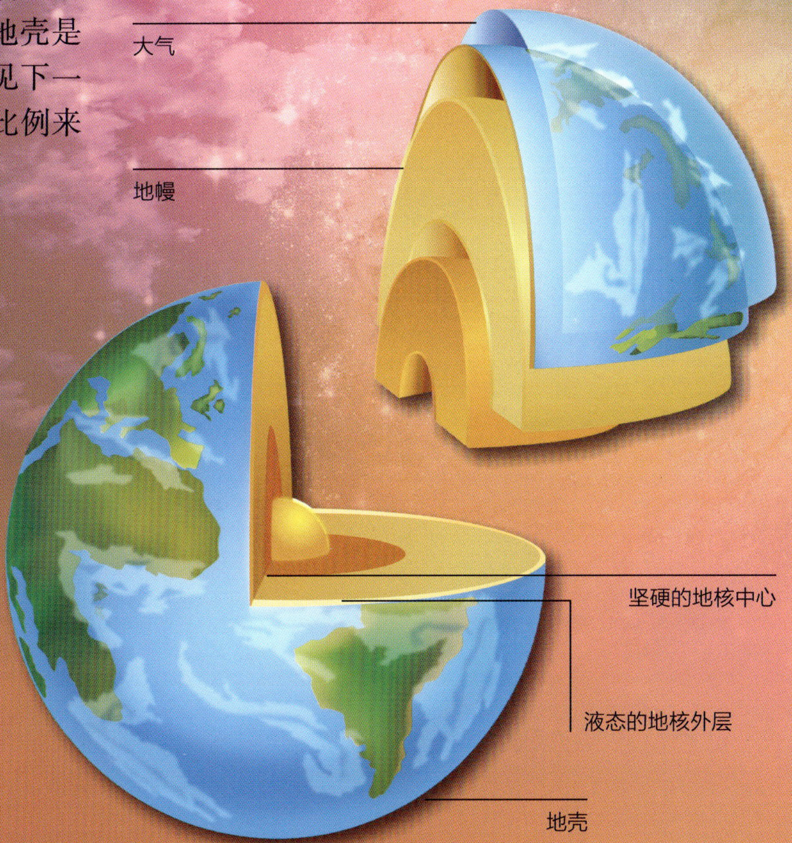

从地球的剖面可以看到主要有三层——地壳、地幔和地核。地核的外层有部分液体，能够缓慢地流动，而地幔则坚硬得多。

更多相关知识 ▸ 岩石和矿产50-51 ■ 山脉52-53 ■ 火山60-61

大陆和板块构造论

地球的岩石表层并不像所看到的那样坚硬和稳固。冰川、降水及大风能改变山脉和山谷的外形，而板块内部巨大的压力能够使得大陆板块发生运动。

地壳（即地球的最外层），并不像光滑的蛋壳一样为一个整体，而是分成几个巨大的曲面，称为构造板块。这些板块受到来自地幔的巨大的推动力，每年移动大约1—5厘米。全球主要的大陆就在其中的几个板块上。

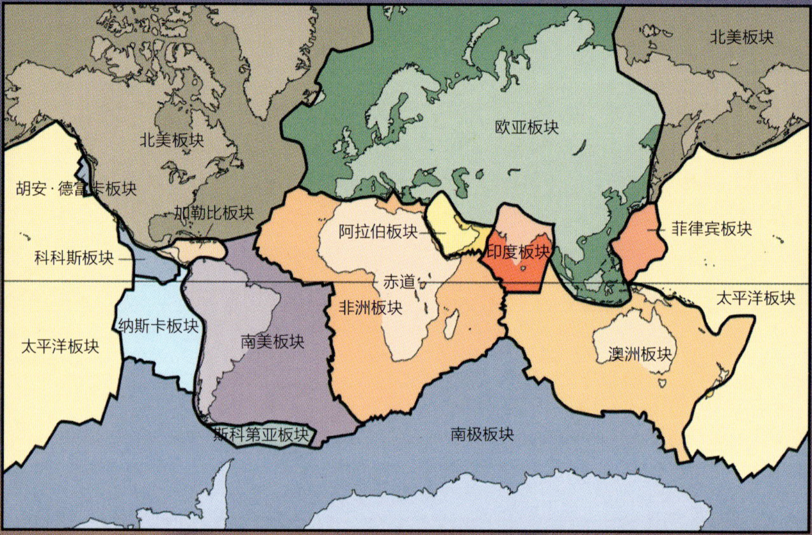

全球大约有7—9个主要的构造板块和许多小板块。每个板块相对周围板块来说都在运动。例如，北美板块正在逐步向西南方向滑动。

在洋中脊上的海底扩张导致大西洋逐渐变宽。每年，纽约和伦敦的距离都增加一个拇指的宽度。

有趣的事实

地球板块

- 最大的构造板块为太平洋板块，超过1亿平方公里——占地球表面的1/5。
- 最小的主板块是印度板块，在过去5000万年中它向北快速移动了大约3000公里，最终和欧亚板块连接。其他板块都没有如此快速的运动速度。
- 最小的固有板块是北美西海岸的胡安·德富卡板块。
- 太平洋板块分离出来的四个小板块中，加拉帕戈斯群岛微型板块是其中之一。它仅有12000平方公里。

新板块的形成

在板块之间，存在几种不同的板块边界。其中一种称为洋中脊——是一条在大洋中延伸的海底山脉。从地幔挤压上来的高温高压的岩浆冷却冰硬化后形成新的海底，从而加快了两个板块向两边分离的速度。这就是著名的海底扩张。随着两大板块的分离，在陆面上出现一个巨大的裂缝并不断加宽，最终形成裂谷。

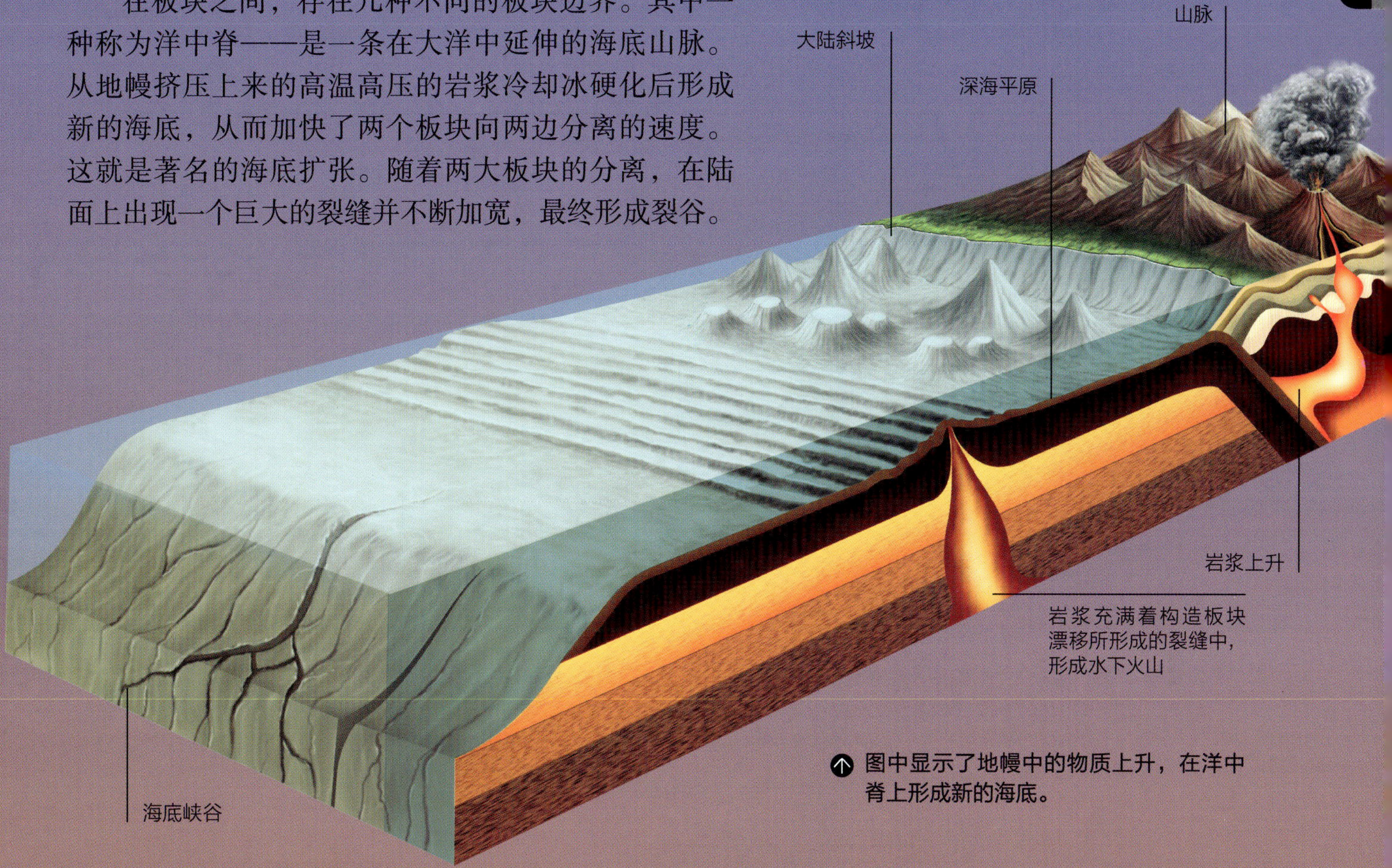

图中显示了地幔中的物质上升，在洋中脊上形成新的海底。

板块的破坏

在转换断层边缘，相邻板块间试图相互侧向滑动，当推动力足够大时就能克服板块粗糙的边缘所造成的阻力而发生滑动。随着板块的缓慢滑动，经常会引起地震或海啸。在消减带，较薄的海底板块被推入到更厚的大陆板块下面，当海底板块的边缘逐渐消融返回至地幔中，有可能会引发地震和火山运动。

大约2亿年前，所有的大陆是连成一片的，称为盘古大陆。随着时间的推移，它们逐渐分离成如今的大陆了。

环绕在盘古大陆周围的是古大洋。

连成一片的泛大陆分成两块大陆——冈瓦纳大陆和劳亚古大陆。

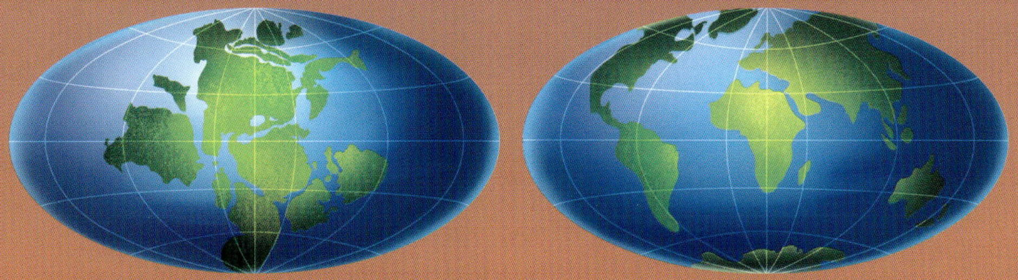

这两块大陆开始分离和漂移。

大陆形成如今的模样。

更多相关知识 山脉52-53 ■ 火山60-61 ■ 地震和海啸62-63

岩石和矿石

岩石多半是坚硬无比的物质，构成了地球的地壳。它们由各种矿物质所组成。

岩石主要分为三类。火成岩是由高温熔融的岩浆（比如火山中喷出的熔岩）冷凝所形成的岩石。沉积岩是由微小的沉积物颗粒（如沙子、淤泥等）构成的，这些沉积物在河底、湖底及海底不断堆积，随着它们不断埋入到更深的沉积层中，逐渐固结而形成沉积岩。变质岩则是由先成的岩石受到巨大的压力和高温作用而变质形成的岩石。

岩石的几种重要种类

玄武岩是一种常见的灰黑色火成岩，是由大片火山喷发出的岩浆在地表冷凝后形成的岩石，其覆盖范围达到数千平方公里。花岗岩是一种坚硬的粉色或灰色的火成岩，在地表以下冷却凝固而成。大理石属于变质岩，可以用来加工和打磨成雕像和雕刻品。砂岩属于沉积岩，通常由各种颜色的沙子构成，在这种岩石上可发现聚集于之上的砂粒。

↑ 矿石和砂岩都采自于岩石。钟表中的石英是从火成岩中提取的，钻石也是从一种火成岩中提炼出来的。

简单常识

珍贵的矿石

一些知名的矿石都是结晶体，用来制作珍贵的宝石或首饰。由于晶体内微量物质的混入而使其呈现不同颜色。

- 钻石：由单一元素碳所构成的，无色透明。
- 绿宝石：一种绿玉矿石，由于含有铬元素而呈现绿色。
- 蓝宝石：一种刚玉矿石，由于含有少量的铁或钛元素而呈现蓝色或其他颜色。
- 红宝石：类似蓝宝石，但因含有少量的铬元素而呈现红色。

在自然界，未经过打磨的矿石通常都没有光泽。经过宝石切割师傅的切割和打磨后，才能呈现出它们美丽的色泽。

紫水晶是一种石英石，主要颜色有淡紫色、薰衣草紫、丁香紫或深紫色。

矿石

矿石是一种天然物质，它以单一或混合形式存在于岩石中。大多数矿石都没有固定的形状，但有时也形成较大的晶体——具有平整侧面和笔直边缘的特殊外形。每种矿石都具有特定的化学成分。最常见的矿物质就是二氧化硅——硅元素和氧元素的结合物。依据它的形成方式，可以形成沙子或纯净的晶体，即石英。

沉积岩（如砂岩）很容易受到水和风的侵蚀，从而形成如图所示的峭壁。

美国布赖斯峡谷国家公园拥有与众不同的地质地貌，称为奇形岩。奇形岩由又高又薄的沉岩组成，其顶部形成类似帽子的形状。奇形岩是由于长期受到沙漠地区大风的侵蚀而形成的。

更多相关知识 ▸ 岩石态行星14-15 ■ 地球的构造46-47 ■ 山脉52-53

山脉

山是指高度较高、两侧较为陡峭的高地，比周围的地势高出许多。几百万年来，山脉缓慢升高，然后又逐渐被风蚀消磨。

没有明确的高度标准规定多高的丘陵就可以称之为山。有些人建议以300米为标准，而另一些人则认为应该更高。当你想着山顶往上爬时，会发觉空气越来越稀薄，温度也越来越低，大约每1000米温度下降5.5℃，风也不断加强。因此，只有能够适应这种严酷条件的动植物才能生活在山里。

主要的山脉

世界上最大的山脉是亚洲的喜马拉雅山脉（Himalayas），有20多个世界上最高的山峰。5000万年前，随着印度大陆板块向北与欧亚板块的相接，形成了喜马拉雅山脉，现在它仍然以每年5厘米的速度不断升高。安第斯山脉（Andes）比喜马拉雅山脉更长，大约有7000公里，其中最高的山峰为阿空加瓜山（Aconcagua），高6962米。

位于巴西里约热内卢的甜面包山，高396米。它是一个孤山或者说一个岛山，周围硬度不高的岩石都逐渐磨损殆尽，只留下这座非常坚硬的岩石山。

喜马拉雅山脉中的珠穆朗玛峰（Mount Everest）是世界上最高的山，海拔高度为8848米。若从山的底部算起，夏威夷的基雅山（Mauna Kea）是世界上最高的山，高9100米。

试一试

制作褶皱山脉。在桌面上利用橡皮泥制作微型山脉。

- 步骤1：用橡皮泥揉捏出一个约2厘米厚的大平面，代表大陆板块。
- 步骤2：手掌向下，在平面的两边向中间挤压橡皮泥。观察橡皮泥是如何出现褶皱，并折叠出斜坡和山脉的。
- 步骤3：再捏一些更薄的平面做上述试验。更薄的橡皮泥也会出现褶皱吗？

大多数高山动物（比如雪豹）都有厚厚的皮毛抵挡严寒。它们的腿都很强壮，可以灵活地跳跃；脚掌也很大，可以牢牢地抓住岩石。

山脉的形成

山脉有几种形成方式。两个大的构造板块相互挤压，在板块的边缘出现变形和褶皱，就形成褶皱山脉。如果构造板块内部拉伸断裂，其中一边沉降下去，则另一边就高耸出来了，这称为断层山脉。火山不断涌出熔融的岩浆堆积起来，冷却凝固后形成锥形的火山山脉。假如非常坚硬的岩石周围都是一些硬度不高的岩石，当它们逐渐磨损殆尽时，剩下坚硬的岩石也就成为山脉了。

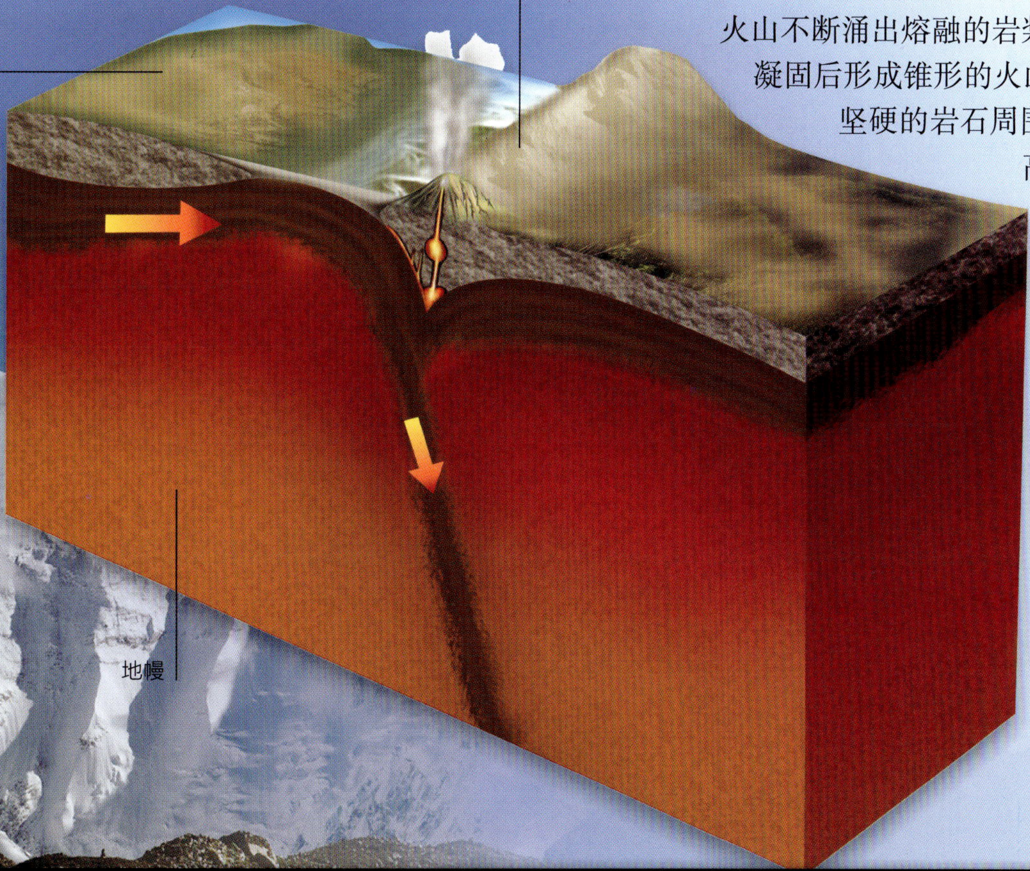

当两个构造板块相互挤压，地壳变形，形成褶皱山脉。

更多相关知识 ▸ 岩石态行星14-15 ■ 地球的构造46-47 ■ 岩石和矿石50-51

河流和湖泊

世界上所有的淡水资源来自于小溪、水塘、河流和湖泊，它们覆盖了地球表面的不足1%，却对地球上的生物极其重要。

淡水（无盐的水）仅占地球水资源的1/40。而其中超过2/3的淡水不是液态水，而以固态冰的形式存在，主要为南极冰盖。另外1/4的淡水存在于土壤和岩石中。只有不到1‰的淡水以液态形式存在于地球表面。尽管如此，淡水却能侵蚀岩石、养育生物，并以这些方式改变地形和环境。

河流越过逐渐变得光滑的岩石后就形成了瀑布。随着时间的推移，河流不断地侵蚀着硬度较低的岩石，最终形成一个峭壁。尼亚加拉大瀑布（Niagara Falls）高50多米，水流量约10万立方米/秒。

河流和湖泊不仅是我们获取清洁水的重要水源，还能为我们增添生活乐趣——垂钓、航行、划船、漂流等。

简单常识

河流和湖泊之最

- 最长的河：是南美的亚马逊河最长还是非洲的尼罗河最长，目前还有争议，这主要取决于哪里定为河流的源头。这两条河流都有约6700公里长。
- 最大的河：亚马逊河每秒钟有30万立方的水流入大西洋，比排名第2—11位的总和还要多。
- 面积最大的湖：北美的苏必利尔湖绵延82400平方公里。

河流

河流一般开始形成于丘陵或高山上。在这里，较冷的空气形成云，然后以雨、冰雹或雪的方式降下来。雨水顺着斜坡逐渐往下流，不断侵蚀着岩石和小石子，形成许多的沟壑。当坡度减缓，小溪流就汇入到主河流中，这里流速慢得多，河岸边长满植物。河流一般在入海口比较宽，河水最终流进大海。

水不停地流动和变化着，形成一个水循环过程。它以雨或雪的方式从云中降落下来，随后流入河流、湖泊和大海，经过太阳的照射，又以水蒸气的形式升到空中，再次形成云。

湖泊

河流和小溪汇集到地表比较低洼的地方就形成了湖泊，这称为流入。水流从地势最低的湖岸边流走，这称为流出。许多湖泊的大小会随着季节的变化而变化。在冬末时期，由于融化的雪水流入，湖泊变大；到夏季时由于蒸发，湖泊面积又缩小。有的甚至完全干涸，只剩下布满裂缝的湖底或一层平整的盐的结晶体。

贝加尔湖里生活着世界上唯一完全淡水生存的海豹——贝加尔海豹。

俄罗斯的贝加尔湖拥有全世界1/5的液态淡水资源。它长635公里，宽1641米，那里栖息着1000多种特有的动物。

更多相关知识 ▸ 海洋58-59 ■ 鱼类86-87 ■ 两栖动物88-89

沙漠

沙漠是指几乎没有降水的地方。水对于生命来说至关重要，因此只有那些适应性极强的动植物才能在如此干旱的地区存活下来。

真正的沙漠每年的平均降水量不足25厘米。大多数的沙漠分布在地球的两个带状区域——热带南部和北部，那里的风很干燥。在亚洲和澳大利亚大陆的中部也有沙漠。

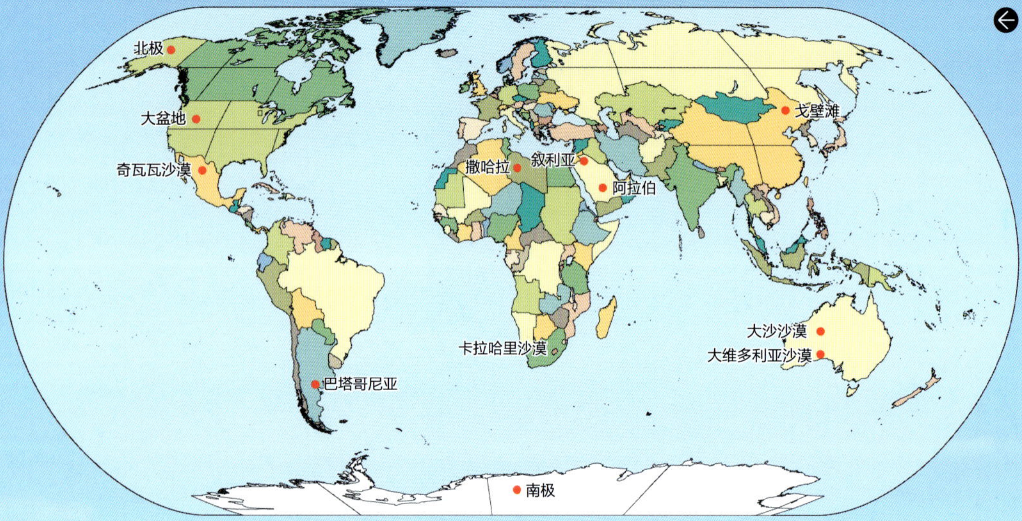

该地图展示了世界上最大的12个沙漠地区。几乎全世界1/3的陆地被沙漠覆盖着。

有些沙漠里布满大大小小的石头，这是由于沙漠里昼夜温差大，再加上大风的侵蚀，岩石很容易裂成小块的石头。

沙漠的种类

我们通常认为沙漠非常酷热，全是沙子，但其实并不都是这样。只有1/4的沙漠是沙子，而剩下的都是岩石、丘陵或者布满各种砾石。沙漠中也并不总是非常炎热。世界上最大的沙漠就非常冰冷——南极沙漠（详见“有趣的事实”）。由于夜晚沙漠上空几乎没有云层，白天吸收的热量全都释放出去，因此昼夜温差很大。位于亚洲的戈壁滩白天极其炎热，而晚上则低于零度。

沙漠植物的叶面很小，并覆盖着很厚的蜡质，以防止水分的蒸发。

仙人掌是一种非常耐旱的沙漠植物。仙人掌扁平的叶面上布满了头发丝一样的小刺。这些叶面能够留住大量的水分。

有趣的事实

大

- 最大最冷的沙漠：南极沙漠，其面积大约为1.4千万平方公里。
- 最大、最热的沙漠：撒哈拉沙漠，其面积超过9百万平方公里，温度超过55℃。
- 最干的沙漠：南美的阿塔卡马沙漠是最干的沙漠，有些地方有100多年没下雨了。

动植物

大多数的沙漠植物的根系都很深，且分布广泛，为了从干旱的土壤中收集尽可能多水分。许多植物茎叶肥厚，例如仙人掌。它们将水分储存在宽大的茎叶中，并带有小刺和荆棘，以防止其他动物的侵略。形态较小的动物白天就藏在地洞中，晚上才出来觅食乘凉。像骆驼和沙猫这样的动物则可以忍受很长时间不喝水。

松狮蜥产于澳大利亚多岩石的干旱区。当受到威胁时，松狮蜥会鼓起喉咙部位的液囊，让自己看上去强大一些。

更多相关知识 ▸ 岩石和矿石50-51 ■ 山脉52-53 ■ 火山60-61

蓝鲸是目前地球上存活的最大的动物

海洋是地球上最大的生物栖息地，生活着大约20万种已知的鱼类、贝类、蠕虫及海藻，还有世界上最大的动物——蓝鲸。

海洋

海洋覆盖了地球2/3以上的表面。较大的水域是五大洋，而五大洋周围较小的水域是海。

太平洋是五大洋中最大的，面积为1.7亿平方公里，大约占地球表面积的1/3，它的平均深度为4100米。大西洋是最小的大洋，面积为1400万平方公里，其平均深度为1040米。

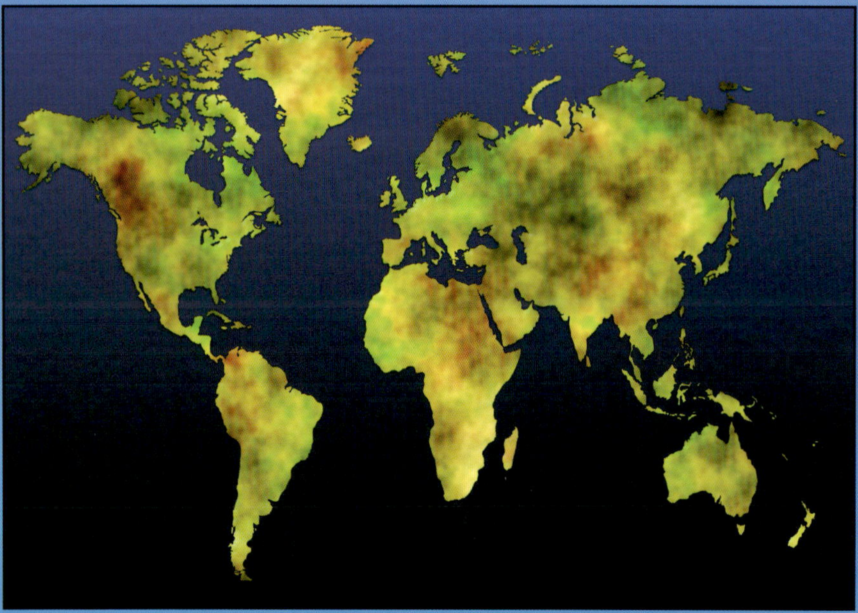

洋面

大洋表面从未平静过。月球的万有引力导致海洋潮汐——海水每日都有涨有落。轻风给水面带来涟漪，而强风则能掀起波浪。持续的强风可以形成不断向前翻滚的巨浪，称为涌浪，最高能达到30米左右。

全球有四个主要的大洋——太平洋、大西洋、印度洋和北冰洋。

➔ 在大洋底部的部分地区有混合着熔化了的矿物质的滚烫的水不断从裂缝或孔中喷涌出来。一些微生物、贝类、失明的螃蟹以及跟手臂一般大的蠕虫就生活在这些深海中的热水孔周围。

↑ 葵蟹非常罕见。它们通常生活在海葵之间，以浮游生物为生。

有趣的事实

- 步骤1：在两个玻璃酒杯中装满水，然后让其中一个酒杯中溶解尽量多的盐。
- 步骤2：在两个酒杯中都放入一块冰块，看看哪个杯中的冰块漂浮得高一些？

海洋中的盐水更多，所以海水提供给冰块、船只等物体的浮力也更大。

↓ 海岸可以是热带的海滨沙滩，也可以是高耸的悬崖峭壁，如图所示。

峭壁是由于海浪不断从侧面拍击海岬所形成的

洋底

大洋的平均深度大约为3800米。在200米以下，太阳光无法到达，海洋一片漆黑。在漆黑的洋底，分布着满是岩石的丘陵和山谷、大峡谷或满是泥泞的大平原，这些都比陆地上的大得多。洋底的温度不足5℃。最深的洋底位于西太平洋的马里亚纳海沟（Mariana Trench）深11033米。

更多相关知识 ▸ 河流和湖泊54-55 ■ 鱼类86-87 ■ 两栖动物88-89

火山

火山喷发是非常惊人的，炙热的红色岩浆、火山灰和大量的气体从地壳喷射出来。

火山是由于地球坚硬的地壳开裂而形成的。地壳开裂时，炙热的、高压的、被融化的液态岩石就喷涌出来，这种液态物质被称作岩浆。活跃火山是指经常喷发的火山，休眠火山是指很长时间都不喷发的火山，而死火山是指永远不再喷发的火山。

火山口是由喷出的熔岩不断堆积在火山的山顶而形成的。

火山的种类

有些火山是由多层先前喷发出来的熔岩冷却后（称为火成岩）堆积而成的高耸的、锥形的山脉（详见第52页）。黏稠湿热的岩浆通常是当压力足够大时以爆炸性的强度喷射出来，它的流动速度较慢，很快就冷却凝固了。而盾形火山则更低更平更宽，当岩浆更稀时，流动速度也较快，流淌的范围也较大，因而形成盾形火山。

有些火山的喷发频率很高，例如意大利的斯特隆博利火山（Stromboli）和夏威夷的基拉韦厄火山（Kilauea）。斯特隆博利火山的喷发已经持续了至少2000年。

有趣的事实

危险的火山

- 1883年，东亚南部地区的喀拉喀托火山（Krakatoa）喷发，影响范围达到4000公里以外，造成至少3.5万人死亡。
- 1815年，东亚南部地区的坦博拉火山（Tambora）造成超过7万人死亡。整个太空都漂浮着火山灰，导致本来炎热的夏季变为了“火山冬季”。
- 超级火山是普通火山的几百倍大。一旦喷发就会摧毁数百万生命，甚至开始一个新的冰河时代。

美国黄石国家公园坐落在一个休眠的巨型火山上，宽约50公里。

火山喷发的发生地

大多数的火山喷发和地震都发生在形成地壳的构造板块边缘地带。在消减带，板块相互挤压，当其中一块板块被挤压到另一块的下面时，由于巨大的压力导致高温，岩石被熔化。压力迫使被熔融的岩石朝着相对薄弱的地壳活动并冲出地壳，从而形成火山喷发。而发生在洋中脊的海底火山喷发则是在当两个板块分离的时候（详见第48页）。

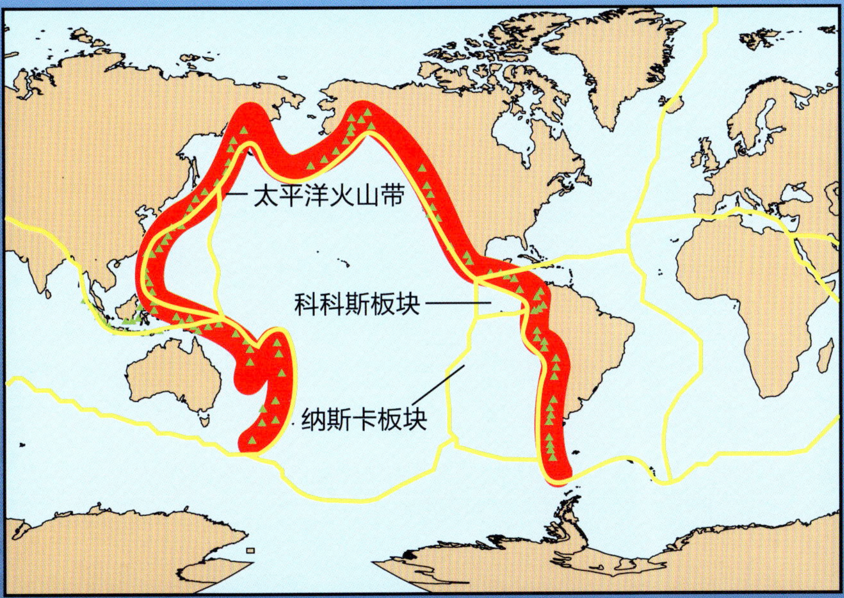

大约3/4的活火山都位于太平洋火山带这一带状区域中，即太平洋周边地带。

更多相关知识 ▸ 大陆和板块构造48-49 ■ 山脉52-53 ■ 地震和海啸62-63

地震和海啸

地震，首先地面轻轻震动，然后非常剧烈。道路开裂，建筑倒塌，电线频冒火花，天燃气管道爆裂着火。地震是自然界最严重的灾害之一。

大多数地震都发生在组成地壳的大型板块边缘，尤其容易发生在太平洋火山带地带（详见前一页）。两大板块试图缓慢的相互侧向滑动，但它们粗糙的边缘会形成阻力，直至推挤力达到一定程度时，这时板块会突然滑动——或者侧向滑动，或者其中一块滑到另一块板块的上边，亦或两种情况同时发生。这个过程可能持续几秒或几分钟，板块可能移动几厘米到几十米。

在地震多发地区，要求设计高层建筑在地震时不能有物品坠落，包括孩子在内的所有人都要练习如何避免被砸伤。

海啸

发生在海底的地震给海水巨大的推力，导致在海面上掀起一个或多个非常巨大的海浪，这就是海啸。海浪从深海中爆发起来并移入浅滩，借着巨大的推力再向前翻滚着冲上海岸。1958年，阿拉斯加的一次地震引发的海浪高达500多米。

2004年12月26日的印度洋海啸是由苏门答腊岛（Sumatra）西海岸的一次地震所引起的。30米高的海浪毁坏了上千个沿岸的村庄，淹没了大片的岛屿，并导致25万多人死亡。

震中和震源

震中通常位于地壳的深部。震中的上部是震动和损害最厉害的地区，称为震源。地震所引起的各种地震波从这个区域扩散开来。它们既沿着地壳向四周扩散，同时也向地球深处扩散（详见第46页）。

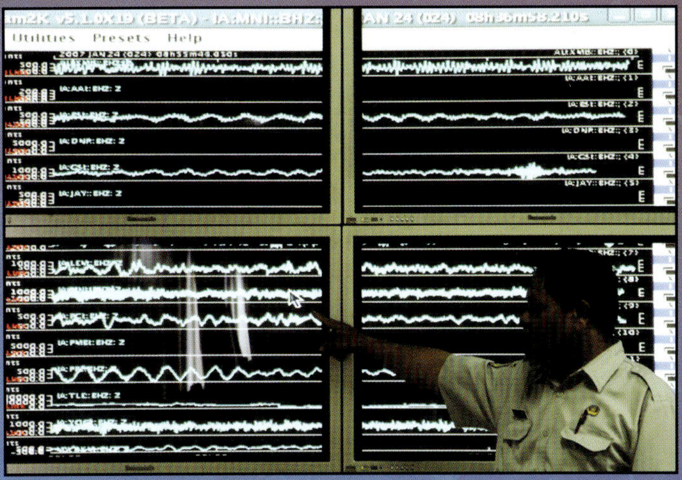

➔ 利用地震检波器测量地震波的强度。

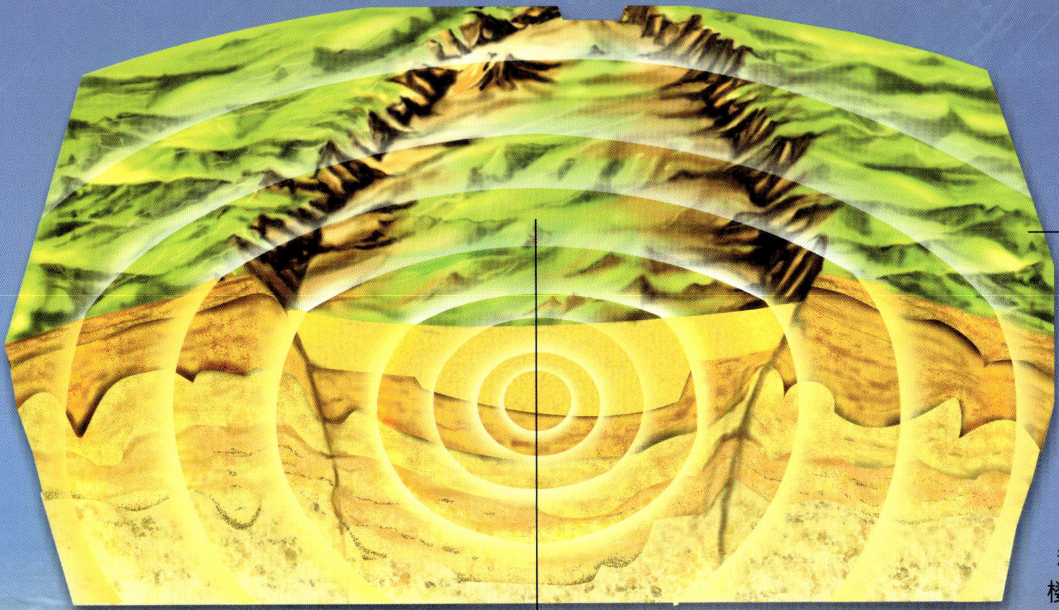

⬅ 地震震中可以位于地面以下几十公里。地震的破坏力不仅仅取决于地震的强度，还取决于地表面岩石和土壤的类型，以及与震中的距离和地震中心是否位于高楼林立的地区。

简单的事实

地震强度的测量

- 里氏震级：20世纪30年代所定的标准。里氏震级4级表示强度较小但值得注意的强度；6级以上可以造成几十公里范围的损毁；而8级以上地震则意味着非常巨大的灾难，可以造成几百公里范围的危害。
- 地震矩规模：里氏震级的现代版本，用来测量地震所释放出来的总能量。
- 麦氏震级：一共分为7级，用来衡量地表面的损毁程度，而不是能量或强度。麦氏震级为4级的地震表示只是轻微的震动，而5级的地震则表示毁坏了大部分建筑。

更多相关知识 ▸ 大陆和板块构造48–49 ■ 山脉52–53 ■ 天气和天气预报66–67

气候和季节

天气是指每天、每周、每月的阴、晴、风、雨的变化，气候是指几百到几千年的平均天气状况。季节是一年中发生的变化。

季节是由于地球围绕太阳运行的结果（详见第12页）。地球运行轨迹有一个小倾角，这意味着南北半球各有六个月的时间所获得的太阳辐射比另一半球多。因此当北半球为夏季时，南半球就处于冬季，反之亦然。

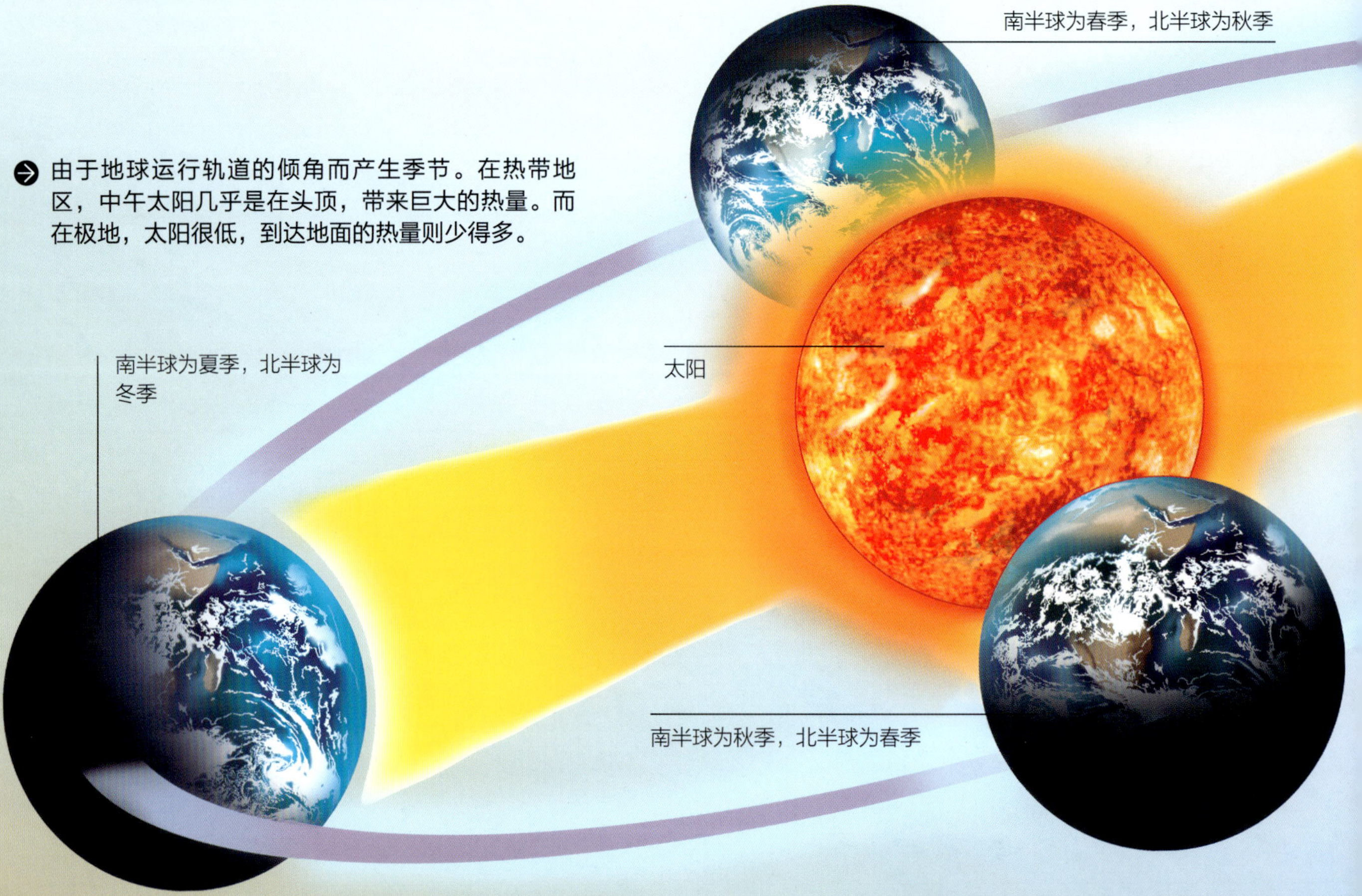

➔ 由于地球运行轨道的倾角而产生季节。在热带地区，中午太阳几乎是在头顶，带来巨大的热量。而在极地，太阳很低，到达地面的热量则少得多。

气候

太阳照射的季节变化使得陆面、大气及海洋获取的热量也产生季节变化。这就使得不同地区的风、云和雨各不相同，从而形成不同的气候区。处于地球中间的热带地区，一整年里几乎每天太阳都挂在天空，因此这里一直很热。每年有固定的一段时间总是下雨的地区被称为季风区。

➔ 植动物的生活习性与季节紧密相连。春季，阔叶树会展开它们的叶子；秋季，叶子会变色，并在寒冷的冬季来临之前就会枯萎。

全球变暖

全球正在缓慢地越变越暖，尽管科学家们并不确定变暖的速度有多快。二氧化碳气体以及其他化石燃料（存在于汽车、工厂甚至家庭中）燃烧释放出来的气体污染是导致全球变暖的主要原因之一。森林采伐或砍伐树木会加剧这种情况的恶化，因为树木可以帮助吸收二氧化碳。目前，极地的冰川正在融化，导致生活在极地的动物的栖息之地大大减少。全球变暖也引起气候变化，这将导致某些地区极其干旱而其他地区却洪水肆虐。

试一试

观察四季

利用手电筒、气球和水笔，来演示季节是如何形成的。

- 步骤1：吹好气球，并用笔在气球表面画上主要的大陆分布。
- 步骤2：将气球稍稍倾斜，就像真的地球那样（准确的角度为23.5度）。
- 步骤3：让气球围绕手电筒转圈，转动手电筒使得光束也随之转动。

观察气球的上部（北半球）在圆圈的一侧能够获得更多的光照，而气球的南部则在另一侧能够获得更多的光照。

温带

从热带向极地方向移动，太阳的高度逐渐变低，所获得的热量也逐渐减少。在极地附近，冬季几乎看不到太阳，几个月内那里的温度都在零度以下。甚至在短暂的夏季，那里仍然很冷。在热带与极地之间是温带气候，有温暖的春季、炎热的夏季、凉爽的秋季和寒冷的冬季。

“午夜太阳”是指盛夏期间，在极地的夜晚太阳总是在地平线以上的现象。冬季则正好相反，太阳总是在地平线以下。

更多相关知识 ▸ 太阳和太阳系12-13 ■ 山脉52-53 ■ 天气和天气预报66-67

天气和天气预报

天气是指刮风、下雨、晴天、阴天和温度等的持续不断变化，是由太阳照射大气层（围绕地球的一层大气）而形成的。

太阳照射引起地球天气的变化。热带地区受到的太阳照射比温带地区多，大陆升温比海洋快。随着地球每24小时自转一周，白天受到太阳照射，而夜晚没有。热空气上升而冷空气则取代热空气所在的位置，这就形成了风。太阳的热量还将大气中的液态水变成水蒸气，随着它的上升而形成云和降水。这个过程就是水循环（详见第54页）。

极端天气

在温差很大的地方，空气流动很快，导致大风或者发展成风暴、飓风或台风。一个大飓风可能包括上百个大雷暴，能够产生10厘米/天的降水量，并伴随250公里/小时的大风。龙卷风则是更小的只有几公里宽的系统，但其风速甚至可以达到500公里/小时。

强烈的风暴往往在海上发展起来，当其移至大陆时则带来巨大的灾害。这是2005年卡特里娜（Katrina）飓风登陆美国新奥尔良沿岸时所造成的灾害。

有趣的事实

从涝到旱

- 南亚的季风区降水最多，尤其在印度，每年的降水量超过1100厘米。
- 相比之下，澳大利亚悉尼每年降水量为120厘米，巴西里约热内卢和美国纽约市的降水量大约110厘米/年，英国伦敦和俄罗斯莫斯科的降水量约为60厘米/年，美国洛杉矶则每年有38厘米的降水量。
- 沙漠是最干旱的地方。沙特阿拉伯的利雅得每年仅有10厘米的降水量，而埃及开罗只有2.5厘米。

气象卫星围绕地球运行。它们拍摄图片，也观测陆面、水、气温、水汽含量、云的种类和覆盖范围。

预报天气

全世界（包括陆地和海洋上）一共大约有30000个主气象站和许多更小的气象站。它们记录温度、大气压、降水和其他天气要素，并将这些信息传输给主要的气象中心。在太空中运行的80个气象卫星也提供大量的气象信息。然后，气象中心利用几个世界上最大的超级计算机运算得到天气预报。

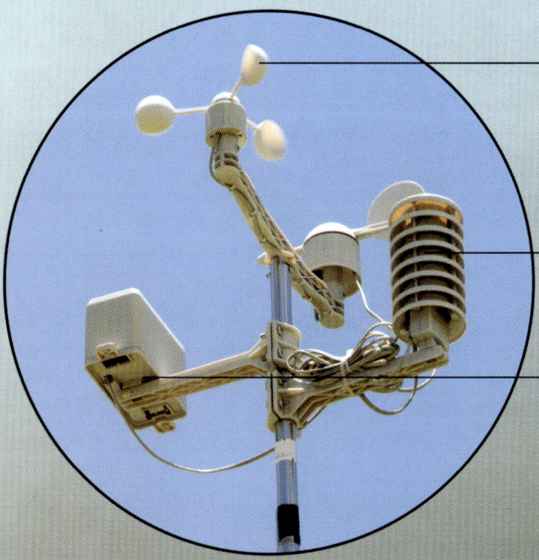

气象站千差万别，小到只是一个杆上安置的小盒子，大到整栋大楼里面都放满各种敏感的温度计、风速计、气压计和其他各种设备。

更多相关知识 ▶ 太阳和太阳系12–13 ■ 气候与季节64–65

生命的起源

我们的世界充满了各种各样的生物，从微小的细菌到海藻、蠕虫、蘑菇、大树以及巨大的鲸鱼。但什么是“生命”，生命又是怎样开始的呢？

生命起源于约35亿年前的海洋。当时，地球的环境非常温暖，分布了许多的火山，空气中弥漫着各种不同的气体，大量化学物质不断流入海洋。这种条件非常有利于简单物质结合在一起，生成有机化合物，而这些化合物正是构成生命的基本物质。

霸王龙是一种体型巨大的肉食性恐龙。地球上曾经生活过的最大的食肉动物之一，大约在6500万年前灭绝。

生命初现

追寻史前生命（单位：百万年）

- 3600：古细菌化石是有关生命最早的迹象。
- 1100：多细胞的海洋植物和海洋动物出现。
- 460：陆生植物出现。
- 430：出现虫子的陆生动物。
- 320：爬行动物出现。
- 230：恐龙时代到来。
- 200：小型哺乳动物。
- 150：早期鸟类。
- 65：恐龙时代结束。
- 2.5：非洲出现早期人类。

早期的生命形式

数百万年前，这些基本的生命构成物质有亿万分之一的机会结合在一起，形成新的组合。而其中某种组合非常偶然地会拥有一种特性，可以让其他基本物质以同样的方式结合在一起，而结合在一起后也拥有同样的特性。这就是繁殖的出现，可以获得更多的同类。繁殖是生命的重要特征。

三叶虫是早期的水生昆虫，是最早拥有复杂眼睛结构的动物

欧巴宾海蝎

怪诞虫是一种长得像虫子，却拥有脊椎的奇特生物

皮卡虫看上去像虫子，但还有一些鱼类的特征

➔ 大约5亿4500万年前，海洋和陆地上都出现了许多新的生物。这就是著名的寒武纪。这个时期出现的生物，有些现在仍然生生不息，比如水母。

化石

有关生命曾经存在的证据主要来源于化石。化石就是死去很长时间的植物、动物或其他曾经存活的生物的遗体或残骸。这些遗体被埋入沙土、淤泥或其他沉积物之后，经过数百万年的时间，沉积物和遗体逐渐变硬成为岩石，生物遗体也就变成了化石。化石显示了生命是如何逐渐变化、演化的，就像是不同种类的动植物出现又消失（如下页所示）。

岩石中的三叶虫化石。

加拿大伯吉斯页岩化石群是世界上保存最好的寒武纪化石群。这些生物的遗体都在几百万年前被泥石流所掩埋。

更多相关知识 ▸ 岩石和矿石50-51 ■ 山脉52-53 ■ 火山60-61

已知最早的鸟类——始祖鸟的化石。科学家们认为这种乌鸦大小的生物是从小型的、两条腿的恐龙演化而来的。随着时间的推移，恐龙体表的鳞片逐渐演变成羽毛。

进化

经过非常长的一段时期（比如100万年），生物就会发生变化。生物会逐渐变化，以更好地适应周围的环境。

环境是不断变化的，所有的生物都需要根据环境的变化作出调整。例如，气候变化可以将温暖的环境变得寒冷，那些已经适应了温暖环境的生物就必须发生变化，适应寒冷的气候，否则等待它们的只有灭绝。只有那些可以很好地适应新环境的生物才能够生存下来。

进化是如何发生的

生物通常会生育较多的后代，而只有部分能存活下来。这是因为环境通常都比较恶劣，食物和居所也非常有限。同一对父母所生的后代也往往会有些差异，那是因为它们继承的基因组合略有不同（见下页）。有些后代比较容易生存，比如跑得更快，而它们的后代往往也同样会拥有这种基因。幸存者都是非常适应环境的个体，这就是所谓的“适者生存”。

角龙是一类植食性的有喙恐龙。下图中第一个鹦鹉龙体型较小，用两条腿走路。后面的角龙，比如三角龙就体型较大，四条腿走路。

物种起源

随着环境的变化以及后代不断的积累，就会产生新的基因组合（见第72—73页）。例如，一种体型大、行动缓慢的绿色动物可以演化成为体型小、行动迅速的蓝色动物，也就产生了新的物种。有时候，一些动物或植物会到一个新的环境（比如海岛）中，它们就不得不演化以适应新环境，从而变为一个新的物种。

达尔文最著名的有关适应的例证之一就是“达尔文雀”。根据食物的不同，雀嘴的形状也不同。

英国博物学家查尔斯·达尔文1859年出版了《物种起源》一书，书中他第一次提出进化的科学理论。

进化的证据

- 化石是史前生物保留下来的遗迹。
- 同一类群生物的化石显示了它们是如何随着时间的流逝而进化的。
- 基因以DNA的形式表现出来，是生命的“蓝本”。
- 许多生物的基因都来源于共同的祖先。
- 那些经过很长时间都几乎没有发生改变的、演化很慢的生物，我们称之为“活化石”。

更多相关知识 ▸ 生命的起源68-69 ■ 植物世界74-75 ■ 生境和生态系统120-121

遗传

生物从它们的父母那里继承基因，这也就是为什么它们看起来相像的原因。基因是一本有关生物如何发育、生长和生活的详细的“说明书”。

基因包含很多信息，就像是蓝本或说明书，但是以DNA（脱氧核糖核酸）的形式表现出来。所有的植物、动物以及一些其他生物都是由细胞组成的。细胞的细胞核中通常含有两套基因。非常长的DNA分子缠绕在一起，就形成了染色体。

使用基因

在复杂的高等动物中，每个细胞只会用到一部分基因。在人体内，皮肤细胞会“打开”其造皮基因，而在骨骼细胞中，造皮基因关闭，而造骨基因打开。细胞衰老死亡后，可以产生新的细胞代替死亡的细胞，这个过程叫做有丝分裂。在有丝分裂的过程中，一个细胞可以分裂为两个，所有的基因也都会拷贝过去，这也就意味着每个新细胞都拥有完整的两套基因。

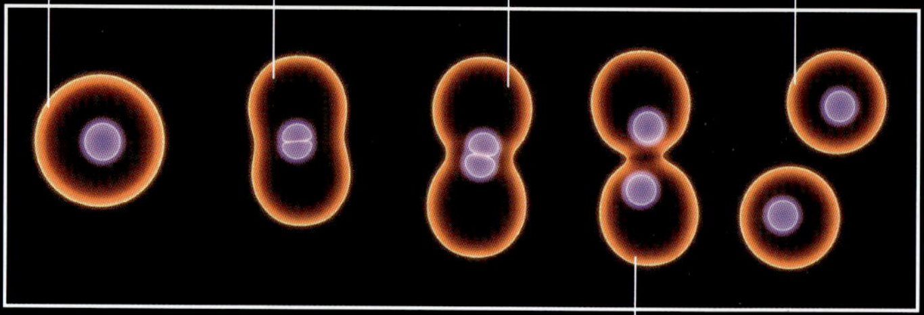

↑ 细胞有丝分裂时，染色体或DNA会缠绕成X状，这种形状在显微镜下清晰可见。

↑ 进化就意味着生物之间的亲缘关系，也意味着分享共同的基因。人和黑猩猩的基因有98%的相似；与果蝇有60%相似；与圆白菜的相似度也达57%。

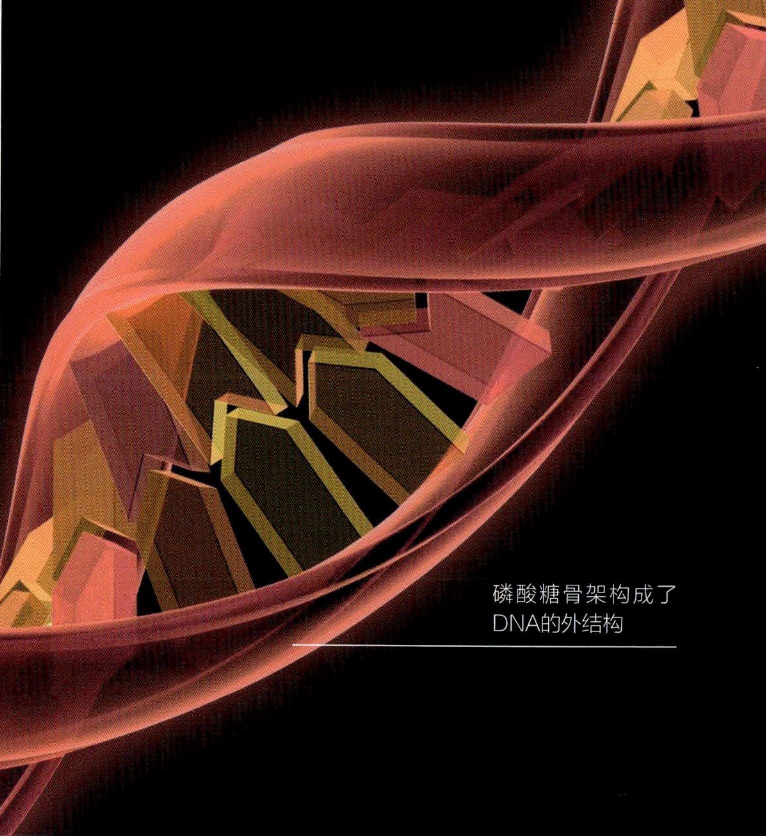

→ DNA是双螺旋的形状，就像是扭曲的梯子。每个基因都是由四种碱基排列而成。当基因拷贝时，DNA螺旋就会拉开“拉链”，各自形成新的双螺旋。

遗传基因

当雌细胞（卵子）与雄细胞（精子）结合时就会生成受精卵，大多数生物的繁殖都是通过受精卵进行的。卵子和精子是经过一种特殊的分裂方式形成的，这种分裂方式将细胞中的基因减半，只留下一套，称之为减数分裂。当精子和卵子结合时，受精卵就拥有两套基因，一套来自母亲，一套来自父亲。因为接受了来自父母的基因，所以后代会看起来像他们的父母。

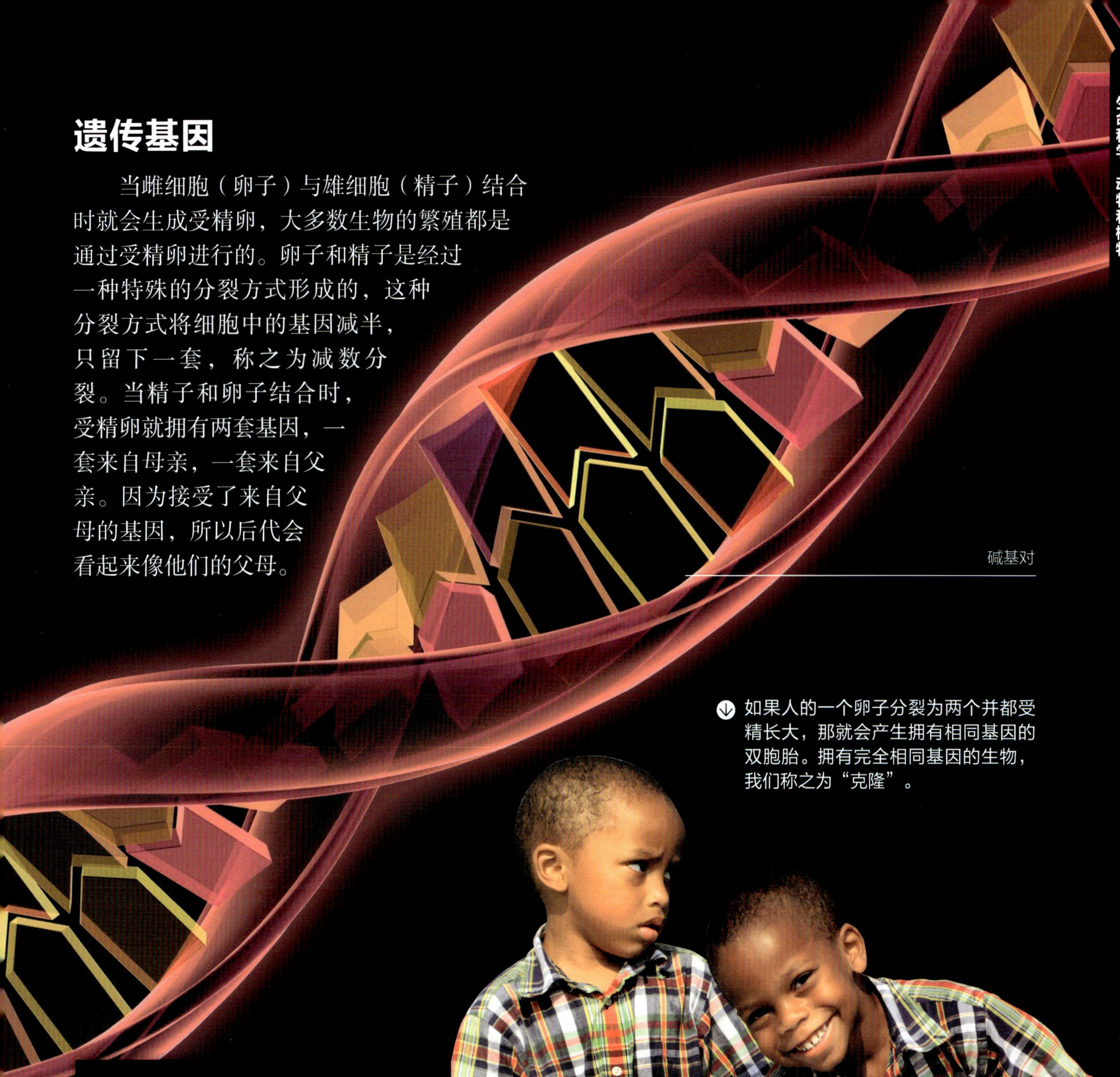

如果人的一个卵子分裂为两个并都受精长大，那就会产生拥有相同基因的双胞胎。拥有完全相同基因的生物，我们称之为“克隆”。

试一试

有多少基因？

大型复杂的生物并不一定比小型简单的生物拥有更多的基因（或更大的基因组）。

- 大米：>28000
- 水芹：大约25500
- 人体：大约23000
- 狗：>19000
- 果蝇：大约14000
- 疟原虫（可导致疟疾的微生物）：>5000

更多相关知识 ▸ 生命的起源68-69 ■ 植物世界74-75 ■ 生境和生态系统120-121

植物世界

自然界有许多各种各样的生物类群，比如植物、动物、真菌以及各种微生物。植物王国的种类很多，大约有350000种。

植物种类繁多，不仅有毛茸茸的苔藓、带花边的蕨类、黏滑的海藻，还有参天的大树和娇美的花朵。和动物从食物中获取能量不同，植物从阳光中汲取能量。通过光能，植物将简单物质合成为复杂物质，例如糖分以及用来组成根、茎、叶和花的材料。

仙人掌是在绿色的茎中进行光合作用，而不是在叶中。

试一试

阳光和黑暗

通过合适的室内植物来研究光合作用（见下页）。首先记得要获得别人的许可。

- 步骤1：用小纸袋把一片或几片叶子套上，它们就处在黑暗中了，注意不要损伤到它们。
- 步骤2：一个星期后，小心去掉纸袋。你会发现这些叶片比其他叶片要苍白一些。

叶子呈现绿色是因为含有叶绿素，可以进行光合作用的物质。如果没有阳光，叶绿素就会分解，叶片也就不再呈现绿色。

图中真菌菌落的线状菌丝生长在土壤、生物或刚死掉的物体上，消化并汲取营养。菌丝交叉形成的网络称为菌丝体。

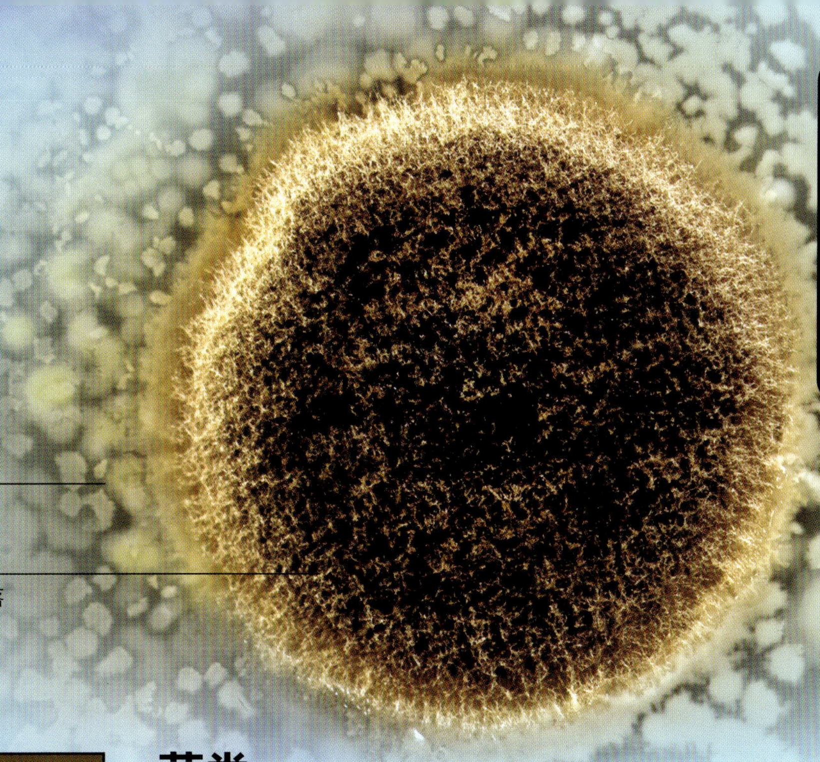

图中的马勃菌通过释放微小的孢子繁衍后代。产生孢子的部分叫做子实体。

菌类

菌类是自然界中一个重要的类群，包括蘑菇、伞菌、霉菌、霉、酵母等。世界上已知菌类大约有100000种。它们既不像植物靠光合作用获取能量，也不像动物靠食物获取能量。它们依靠酶类将周围的生物或其他物质分解为简单物质。菌类通过它们的表层吸收营养，与此同时，就会产生物质的腐烂或腐败，将营养循环在土壤中。

光合作用

光合作用是生物从阳光获取能量的过程。它通常发生在植物的叶片中。光能将植物从土壤中获取的水（H_2O），以及从空气中获得的二氧化碳（CO_2）结合在一起，形成葡萄糖$C_6H_{12}O_6$（见第38页），并以化学能的形式存储起来。这些能量扩散到植物全身，向植物提供生长、修复或其他活动的能量。

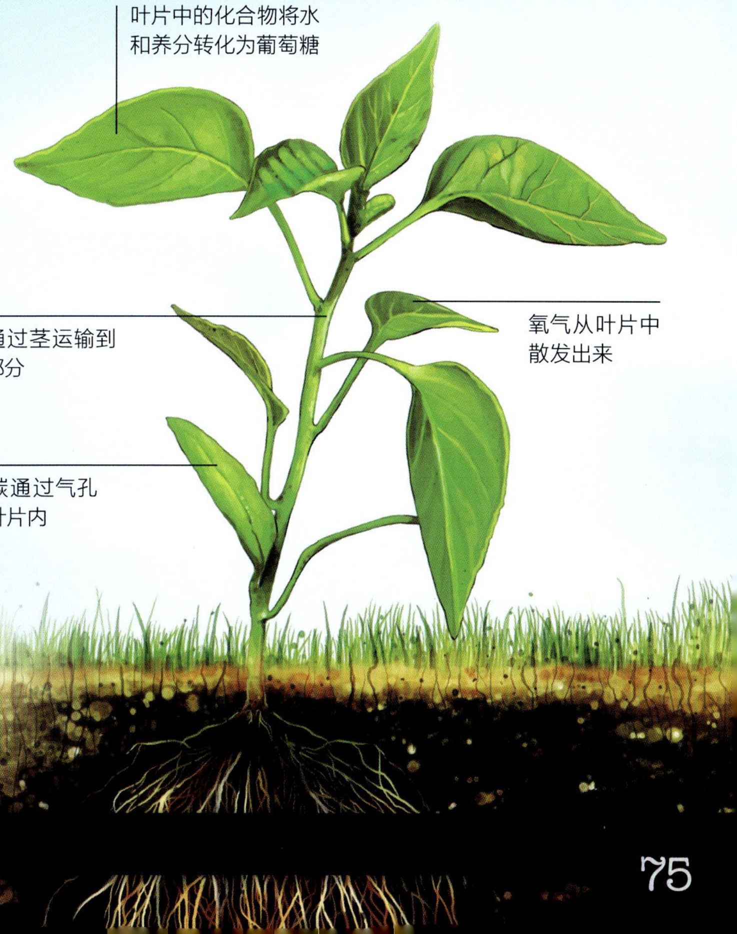

植物从光能中获取能量并产生食物的过程称为光合作用。光合作用发生在植物叶片中绿色的结构中，这个结构叫做“叶绿体”。

更多相关知识 ▸ 隐花植物76-77 ■ 显花植物78-79

银杏和铁线蕨的叶片呈扇形，和针叶植物的叶子比较接近。

隐花植物

根据它们的繁殖方式，植物通常分为两类：显花植物和隐花植物。

隐花植物有很多种，诸如海藻、苔藓、蕨类和针叶植物都属于隐花植物。除针叶植物外，其他的隐花植物都没有种子，这和显花植物不同。它们通过一种叫做“孢子”的细小颗粒来进行繁殖。孢子中含有一颗受精卵（见第136页），它可以生长成为一个新植物。但是和种子不同，孢子中没有储存养分。

苔藓和蕨类植物

苔藓是一种没有真正根的低矮植物。因为它们不能从土壤中吸收水分，所以一般都生长在潮湿的环境中。起附着作用的纤维部分，称为“根丝”。苔藓的叶子呈圆形，孢子在“孢蒴”中发育成熟。蕨类植物的叶子就更复杂一些，分为好多部分。而且蕨类植物也拥有真正的根，可以从土壤中获取水分和矿物质，根中的导管可以将水分和矿物质运输到其他部位。

蕨类植物的叶片

刚长出的蕨类叶片是卷曲的

最常见的蕨类植物是欧洲蕨。这是一种有害植物，通常集中生长在其他植物周围，伸出长长的根茎到土壤中，并生长为新的植物。

嫩叶状部分的边缘下是卷曲的

简单常识

隐花植物类型

类群	种类数	举例
藻类	10000	海藻、绿藻
藓类	12500	天鹅藓、水藓
苔类	8000	溪苔、鹿角苔
角苔类	200	黄角、树角
石松类	1200	卷柏、土柏
蕨类	11000	欧洲蕨、瓶尔小草
针叶树	640	冷杉、松树、落叶松、侧柏、刺柏、云杉、红杉、紫杉

针叶树

和蕨类一样，针叶植物也是维管植物，也就是说，它们也拥有充满水分、矿物质、汁液和其他物质的导管。针叶植物有灌木也有树木，但都有树干。大部分针叶植物有针状或鳞片状的树叶。它们通过木质化的“球果”进行繁殖。雄性球果释放含有雄细胞的花粉颗粒，花粉在空气中漂浮，飘落到雌性球果上后，便于卵细胞结合形成种子。

最大的生物就是一种针叶树——巨杉。一些巨杉有90多米高，6000多吨重。

苔藓生长在阴凉、潮湿的地方，比如小河边或岩石背面。图中所示的细叶真藓长在墙壁上。孢子囊中有大量的孢子，成熟后，会释放出数百万的孢子，就像是灰尘散落到地上。

饱蒴开始时是绿色的，随后变成棕色

淡红色的柄上顶着饱蒴

显花植物

显花植物也称作被子植物，通过特殊的结构——花来进行繁殖。花有很多种，既有絮状的柔荑花，也有带刺的玫瑰和娇美的兰花。

花分为雌雄两部分。雄性部分称为雄蕊，雄蕊由花丝和花药组成。花药是盛放花粉的地方，花药成熟后便会打开释放出灰尘一样的花粉，每个花粉中都有一个雄细胞。雌性部分称为心皮（注：与雌蕊概念类似，但不相同），心皮顶端为柱头，底部为子房，子房内有雌性卵细胞。

有趣的事实

最大的花

- 世界上最大的花是东南亚热带雨林中的大王花。
- 这种花的直径可达1米，重达10公斤。
- 大王花没有真正意义上的根茎叶。
- 大王花实际是寄生植物，将根丝深入藤蔓类的寄主体内获取营养。
- 它闻起来像腐肉或是动物粪便，可以吸引苍蝇帮助它们传播花粉。

图中所示的花是雌雄同体，也就是说同时有雄蕊和雌蕊。雌雄异体的植物在同一株植物上只有雌花或只有雄花。雌雄同株的植物在同一植物上既有雄花也有雌花。

图中的兰花看起来像是雌蜂，可以吸引雄蜂前来，借此可以达到传粉、授粉的目的。

授粉

花粉颗粒必须从雄蕊进入到子房内部完成授粉过程。有些花粉像气球一样在风中飘动。有些花粉表面有突起或倒钩，能附着在蜜蜂、鸟类或者蝙蝠等动物身上。一旦花粉落在柱头上，便会长出长长的导管深入到子房内。雄细胞通过导管进入与雌性卵细胞结合，这个过程称之为授粉（见第136页）。然后，卵细胞就可以发育成为一粒种子。

种子在水分、氧气与温度都合适的情况下才会发芽。一些种子还需要阳光，也有一些种子在黑暗处才能发芽。

不同的植物用不同的方法来传播种子。蒲公英的种子顶部有个降落伞一样的结构，可以帮助它在风中漂浮，将种子传播到很远的地方。

果实与种子

当受精的卵细胞发育成为胚胎或新的植物时，需要为植物早期的生长储存一些营养，比如淀粉或油脂。种子外面包被着坚硬的外种皮。一些种子外面还有额外的养分，通常是柔软的肉质层，这就是果实。当动物吃掉果实后，种子也会随之散播到其他地方。也有一些植物的种子很轻，而且又类似翅膀或降落伞一样的结构，可以随风飘散到各个地方。

谷粒是一些禾本科植物的种子，被人类当作食物。

简单动物

在动物的王国里，体型大、结构复杂并不意味着成功。一些最常见的动物比一块果冻还要小。

世界上最简单的动物是海绵，主要生活在海洋里。它们不能移动，也没有脑、神经、眼、心脏、血液或肠道。但是它们拥有动物最基本的特征：通过取食获得营养。一个典型的海绵是通过细小的空洞过滤水中的营养物质来取食的。

↑ 珊瑚礁是由许多微小的生物——珊瑚虫组成。珊瑚虫与海葵和水母有较近的亲缘关系。

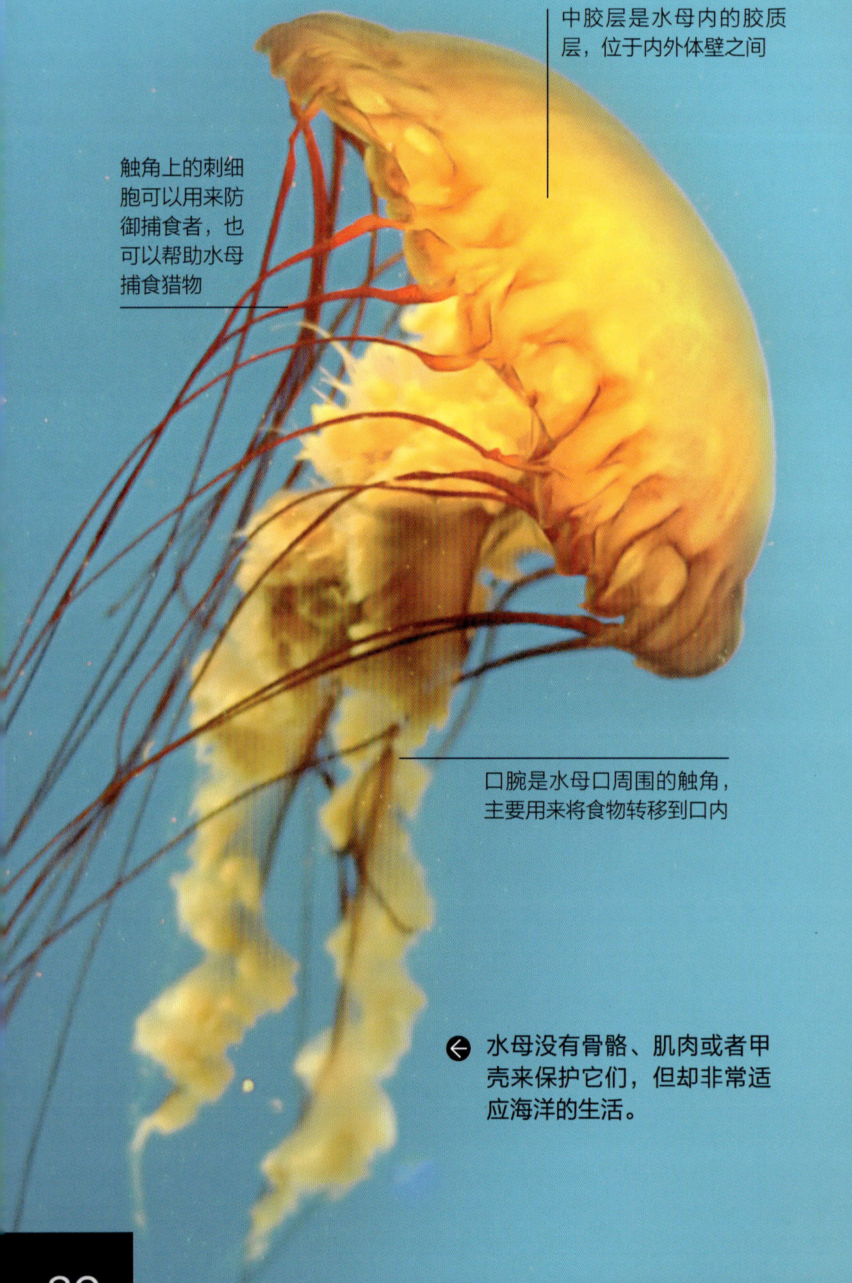

中胶层是水母内的胶质层，位于内外体壁之间

触角上的刺细胞可以用来防御捕食者，也可以帮助水母捕食猎物

口腕是水母口周围的触角，主要用来将食物转移到口内

← 水母没有骨骼、肌肉或者甲壳来保护它们，但却非常适应海洋的生活。

↑ 珊瑚礁对许多海洋生物来说都是重要的生态系统。

胶质动物

刺胞动物的身体都很柔软。最大的刺胞动物是水母，直径可达1米多，拖着长长的触须漂浮在海中。海葵像是一个倒过来的水母，柱状身体上伸出的触须随着水流摆动。珊瑚虫看起来就像是石质外壳包裹着的小海葵。这些生物都是杀手，通过它们的触须刺伤猎物，然后将猎物拖入触须中间的开口中。

蠕虫世界

这种又细又长的动物有很多种类。蛔虫比吸管要小一些，它们的前端有口，后端有肛门排出废物，而且前端还有几个简单的感受器，应该是用来感光的。蚯蚓看起来很简单，但是身体分为很多节。扁形虫外形像一片树叶，而且只有一个“口”，取食食物和排除废物都经过这里。

绦虫是一种寄生虫。目前已知的1500种绦虫有25种可以感染人类。它们在寄主的肠道内生活，并获取养分。

更多相关知识 ▸ 生命的起源68-69 ■ 进化70-71 ■ 遗传72-73

软体动物和棘皮动物

没有脊椎的动物称为无脊椎动物。最有趣的两类无脊椎动物当属软体动物（如扇贝、蜗牛和乌贼）和棘皮动物（如海星和海胆）。

软体动物是比较大的一类动物，大约有85000种。它们的身体通常非常柔软、湿滑，并且外面有坚硬的外壳起到保护作用，比如各种海螺就是一种海洋中的蜗牛。当然，淡水和陆地上也有蜗牛。双壳类或贝类动物也属于软体动物，它们有两个单独的贝壳，比如蛤蜊、扇贝、贻贝、乌蛤和牡蛎等。

纪录保持者

软体动物有许多动物界的纪录保持者

- 太平洋大章鱼的腕足有3米多长，体重超过250公斤。
- 世界上最大的无脊椎动物是一种大乌贼，体长超过14米，重达500公斤。
- 圆蛤是地球上寿命最长的动物，一些寿命可以超过400岁。

大脑

大部分软体动物都有脑、神经、心脏、血液系统和用来呼吸的鳃。最大的软体动物是乌贼和章鱼。它们没有外保护壳，但是有很大的眼睛、长长的触角和发达的脑，是凶猛的捕食者。蛞蝓是生活在陆地上的没有外壳的软体动物，海洋中还有海参和裸鳃亚目的动物。它们是世界上颜色最为鲜艳的动物之一。

乌贼体内有色素细胞，可以帮助它们改变周围环境的颜色。

裸鳃亚目的动物是海洋中形状各异、颜色鲜艳的软体动物。

带刺的皮肤

棘皮动物因皮肤表面布满刺状物而得名。该类动物大约有7000多种，包括海星、海胆、海蛇尾、海黄瓜、海百合、羽毛星等。和其他动物身体两边对称不一样，它们的身体呈放射状。许多海星都是捕食者，扑食贝类、蠕虫或其他生物。海胆取食岩石上的小植物或小动物，身上布满长长的有毒的尖刺。

海星腹部有许多小突起，叫作管足，可以帮助海星在海底移动并撬开贝壳。

更多相关知识 生命的起源68-69 ■ 鱼类86-87 ■ 两栖动物88-89

昆虫、蜘蛛和甲壳动物

节肢动物是动物王国中最大的类群。昆虫也属于节肢动物，而且是其中最大的一类，超过100万种。

节肢动物的范围非常广，包括蟹类、蜘蛛、螳螂和蜈蚣等。大部分都有一个坚硬的外壳，叫做外骨骼。当动物长大时，外骨骼也会脱落并换上一个更新更大的外骨骼。它们的腿有明显的可弯曲的关节，非常有利于移动。节肢动物腿的数目不等，昆虫有六条腿，蜘蛛、蝎子等蛛形纲的动物有八条腿。

蝴蝶的翅膀颜色明亮，可以用来伪装、吸引异性，也可用来警告捕食者。蝴蝶翅膀是由很多头发丝一样的鳞片组成，还可以起到隔热的作用。

昆虫

昆虫是陆地上分布最广、数量最多的生物。昆虫都有两对翅膀，甲虫的前翅变硬覆盖在身体表面；苍蝇和蚊子等有一对翅，另外一对退化为平衡棒。昆虫幼虫一般从卵中孵化出来，进入取食阶段，比如蝴蝶幼虫或蝇蛆。随后，昆虫幼虫会进入一个休眠阶段——蛹期，然后才进入成虫期。这种身体形态上的变化称为“变态”。

风蛛属于蛛形纲，它有八条腿和一对触角，触角很大，看上去很像另外两条腿。

简单常识

主要的节肢动物类群

类群	种类数	举例
昆虫	>150万	蜻蜓、草蜢、蝴蝶、臭虫、蜚蠊（蟑螂）、螳螂、虱子、跳蚤、甲虫、白蚁、苍蝇、蚂蚁、蜜蜂⋯⋯
蛛形动物	>100000	蜘蛛、蝎子、螨、壁虱、风蛛
甲壳类	>50000	藤壶、磷虾、虾、对虾、蟹、龙虾
多足类	10000	马陆
唇足类	8000	蜈蚣
海蜘蛛	1300	海蜘蛛
鲎类	4	鲎

甲壳类和蛛形动物

大部分甲壳类动物都生活在海洋中，也有一部分甲壳动物附着在岩石上，用它们羽毛状的腿收集食物。大量的磷虾是海鸟、鱼类和鲸鱼的食物来源。最大的甲壳动物是日本的蜘蛛蟹，腿伸展开可长达4米。蛛形动物包括蜘蛛、蝎子和螨类。所有的蜘蛛都用有毒的牙齿捕食猎物。许多蜘蛛还会吐出韧度极高的细丝，织成网来诱捕猎物。

一些狼蛛（比如洪都拉斯卷毛蜘蛛）可以当宠物饲养。

更多相关知识 ▸ 植物世界74–75 ■ 简单动物80–81 ■ 生境和生态系统120–121

鱼类

有脊椎或脊柱的动物为脊椎动物。鱼是最大的一类脊椎动物，种类超过30000。

几乎所有的鱼类的体表都覆盖有鳞片且生活在水中，靠柔软鳃进行呼吸。只有少数几种鱼类可以在空气中靠鳃室中的水生存一段时间，比如弹涂鱼、步行鲶和鳝鱼。鱼类有植食性的，也有肉食性的。

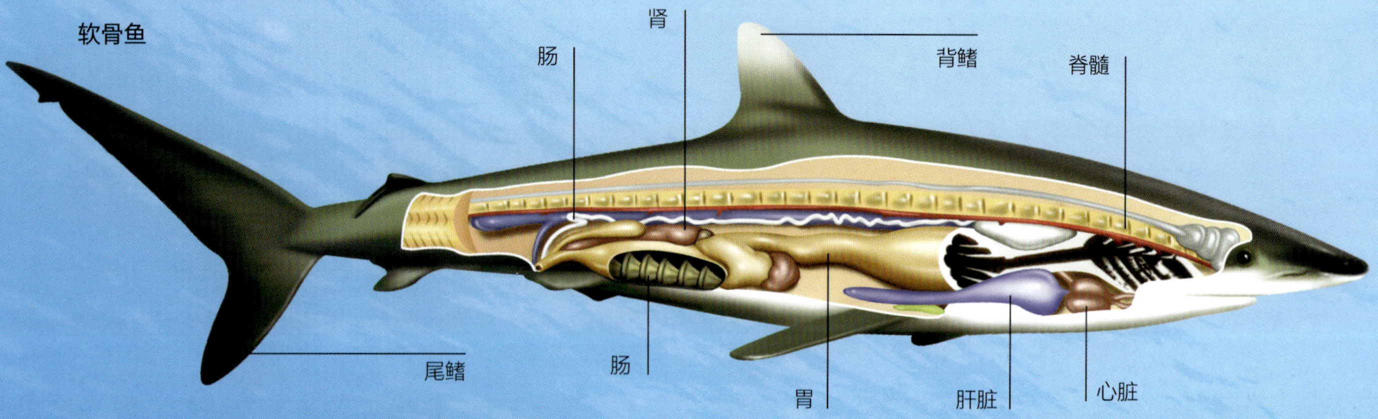

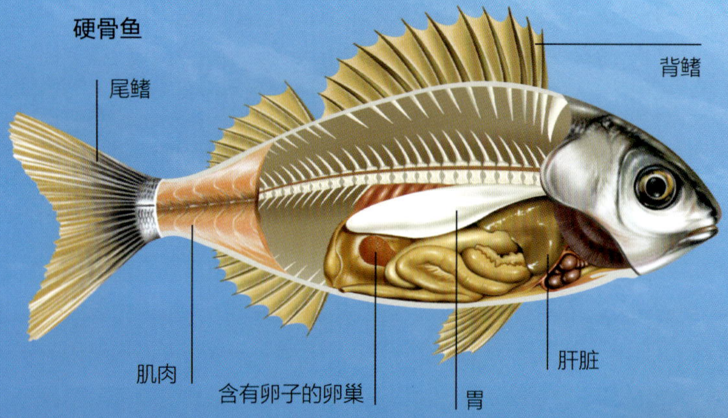

石鱼的皮肤粗糙不平，而且看上去污秽不堪，这可以帮助它很好的与周围的环境融为一体。石鱼背部还带有有毒的尖刺。

有趣的事实

打破纪录的鱼类

- 最黏滑的鱼：八目鳗可以产生5倍于自身体积的粘液。
- 最大的鱼：鲸鲨可长至13米。
- 最长的鱼：神秘的皇带鱼体长可达17米。
- 最深的鱼：鳕鳗生活在8000米以下的海洋中。

鲨鱼大约出现在3亿5000万年前，它拥有惊人的适应能力，是真正的战士和幸存者。

游泳

脊椎两侧生长有许多成块的肌肉，可以使鱼类游泳的时候摆动身体，产生动力。另外，鳍在鱼游泳的时候也起到重要的作用：背部的背鳍和臀部的臀鳍可以维持身体的平衡；前部的两个胸鳍和腹部的一对腹鳍控制前进的方向；而尾巴（或者说尾鳍）是主要的动力来源。

鱼的分类

七鳃鳗和八目鳗（盲鳗）都是较原始的无颌鱼，它们都有狭长的嘴用来吮吸或刮取食物。世界上大约有440种鲨鱼，它们都是海洋中可怕的捕食者。鲨鱼的表亲——鳐鱼身体扁平，也同样有软骨组织。有骨架的硬骨鱼包括总鳍鱼（矛尾鱼）和25000多种辐鳍鱼，辐鳍鱼的鳍有细长、坚硬的辐线支撑，可以展开或折叠。

某些鱼类常常是一大群生活在一起，这可以在一定程度上抵御捕食者，也容易找到配偶。

更多相关知识 ▸ 河流和湖泊54-55 ■ 海洋58-59 ■ 两栖动物88-89

两栖动物

在英文中，两栖动物（amphibian）是“两种生命”的意思。年幼的时候，它们大部分生活在水中；而当它们成年的时候，两栖动物的身体形态会发生变化，到陆地上生活。

两栖动物大约有6300种，其中大多数都是青蛙和蟾蜍。它们的身体较短，也没有尾巴，还有大大的头部较大、突出的大眼睛、宽宽的嘴巴、小小的前腿，以及粗壮的可以跳跃的后腿。蜥蜴和蝾螈的体型较长，四条腿都一样，还有一条长长的尾巴。蚓螈看上去像是条大虫子或者小蛇，它们生活在土壤中，没有腿，细小的眼睛结构也很简单。

图中所示为两栖动物从幼体（蝌蚪）变为成体的过程，这个过程称为变态。整个过程的时间长短主要与温度和食物是否充足有关。

繁殖

大部分成年两栖动物生活在陆地上潮湿的环境中，而繁殖是在水中。雄性依靠“呱呱”的叫声或身上鲜艳的花纹来吸引异性。雌性动物所产的卵表面一层保护性的胶状物质。卵孵化成蝌蚪，它们有长长的尾巴和可以在水中呼吸的鳃。当蝌蚪慢慢长大时，它们会先长出后腿，随后长出前腿，接下来尾巴逐渐变短直至消失，鳃也慢慢退化，转而用肺进行呼吸。

试一试

一些两栖动物的脚趾间有皮肤，我们称之为蹼。用一个小塑料袋和一盆水，可以观察一下蹼的工作原理。

- 步骤1：把手放入水中，五指张开，在水中来回摆动，感受一下产生的推力。
- 步骤2：把小塑料袋套在手上，就像青蛙脚趾间的蹼。同样在水中摆动，可以感受到更大的力量。这说明动物脚上有蹼的话可以游得更快。

猎手

肉食性的两栖动物是很好的猎手，它们可以将猎物整个的吞下去。蚓螈捕食蚯蚓或土壤昆虫。巨蛙、牛蛙和海蟾蜍等体型较大的两栖动物甚至可以吞食鱼、老鼠、小鸟和蜥蜴。蝾螈主要以蝌蚪、小鸟和昆虫为食。为了不被其他动物吃掉，许多两栖动物的皮肤表面都可以分泌毒液。有毒的动物通常颜色都非常鲜艳，它们明亮的颜色主要是起到警告捕食者的作用。

亚洲大蝾螈（娃娃鱼）可以长至2米长。它们生活在水流湍急的溪流中，以小鱼、淡水虾或青蛙为食。

许多蛙类都是用它们长长的有黏性的舌头来捕食猎物。伸出舌头、抓住猎物、将猎物拉入口中，所有这些一眨眼的工夫就可全部完成。

蛙类有黏性的舌头固定在下颌前端，并且可以向后翻转

蚓螈体长10—150厘米，它们的口鼻部很强壮，可以在土壤中挖掘。

更多相关知识 ▸ 河流和湖泊54-55 ■ 海洋58-59 ■ 鱼类86-87

爬行动物

从比手指还小的小蜥蜴，到比汽车还大的海洋鳄鱼，爬行动物几乎遍布地球的各个角落，而且数量庞大。

和鱼类、两栖类动物一样，爬行动物也是“冷血动物”，需要依靠太阳的热量来维持体温。大部分爬行动物都有四条腿和一根长长的尾巴，而且体表还覆有鳞片。蛇没有腿，但是行进的速度很快，而且还可以游泳甚至攀爬。而且还有一种“飞蛇”可以滑翔一段距离。鳞脚蜥的英文名字虽然叫做“缓慢的虫子”（slow-worm），但实际上并不是虫子，而是没有脚的蜥蜴。

蜥蜴和蛇

除了南极和北极，几乎地球上所有的地方都有蜥蜴。加拉帕戈斯鬣蜥甚至可以潜到海洋底部取食海藻。科莫多巨蜥是最大的蜥蜴，体长可达3米，它们可以捕食野猪或鹿。许多蜥蜴都是先嚼碎食物在咽下去的，而蛇则是将食物整个吞下。巨蟒是最大的蛇，可以缠绕在猎物身上，使其窒息而死。眼镜蛇、响尾蛇和蝮蛇等都是毒蛇，每年都有数千人被毒蛇咬伤致死。

响尾蛇是一种致命的毒蛇。两只眼睛旁边的凹陷可以感受到猎物的体温，牙齿是中空的，充满致命的毒液。

变色龙可以根据周围的环境改变自身的颜色。它们还可以通过变色来吸引异性或吓走“情敌”。

乌龟和鳄鱼

海龟、水龟和陆龟的行动都非常缓慢。它们的身体都被一个坚硬的壳包裹起来，起到保护作用。巨型陆龟主要以植物和果实为食；而最大的海龟——棱皮龟主要以水母为食。鳄鱼主要生活在水边，伪装成木头或岩石。从鱼、水鸟到前来喝水的斑马和牛，很多动物都是鳄鱼的捕食对象。

鳄龟有1米长，100公斤重。它的嘴边缘很锋利，而且像鹰钩一样，非常利于捕食鱼类和青蛙。

有趣的事实

爬行动物的主要种类

类群	种类数	举例
龟类	>300	海龟、水龟、陆龟
蜥蜴	3800	壁虎、鬣鳞蜥、变色龙、鳞脚蜥、巨蜥
蛇	2900	蟒蛇、曼巴蛇（树眼镜蛇）、响尾蛇、眼镜蛇、蝮蛇
楔齿蜥	2	大蜥蜴
蚓蜥	120	蚓蜥
鳄鱼	23	短吻鳄、凯门鳄、扬子鳄

最大的爬行动物是生活在海洋或河口的鳄鱼，体长可达6米。和其他爬行动物不同，母鳄鱼会照看它产下的卵。

更多相关知识 ▶ 简单动物80-81 ■ 软体动物和棘皮动物82-83 ■ 两栖动物88-89

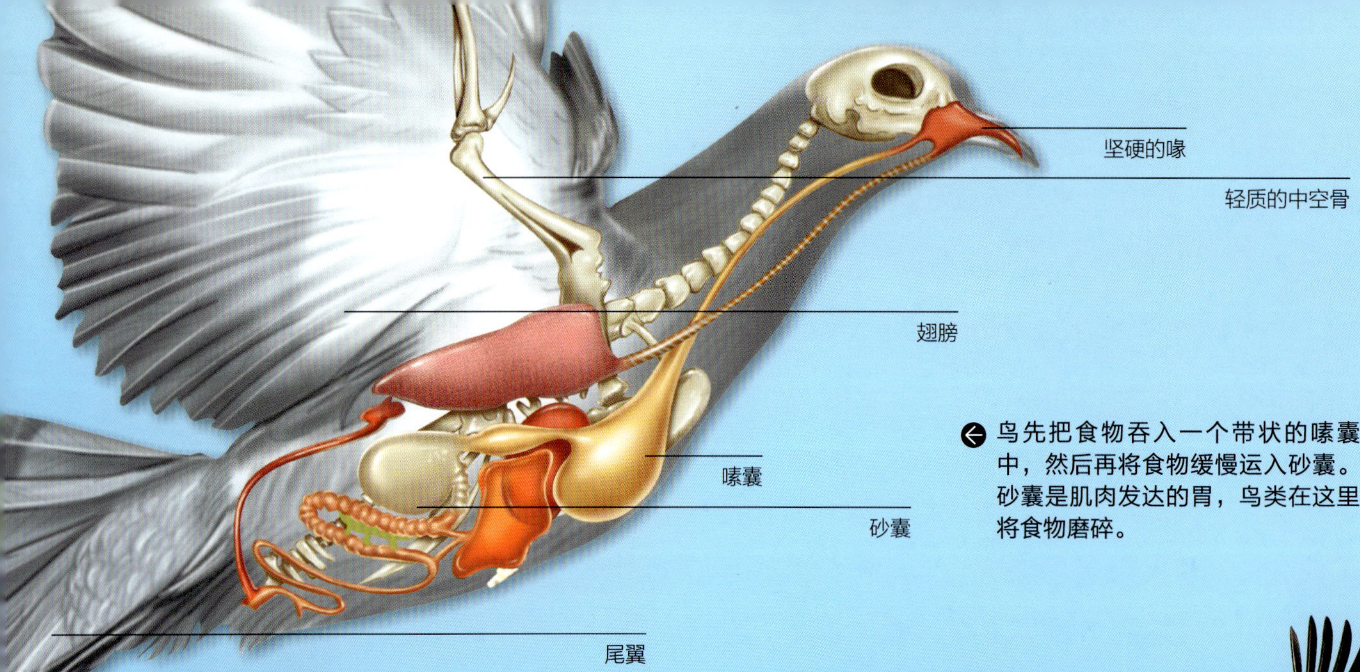

鸟先把食物吞入一个带状的嗉囊中，然后再将食物缓慢运入砂囊。砂囊是肌肉发达的胃，鸟类在这里将食物磨碎。

鸟类

鸟类有9000多种。它们是世界上分布最广、最灵活的动物种类之一，甚至在两极附近都能看到它们的身影。

鸟类是唯一拥有羽毛的动物。翅膀上的羽毛重量轻、面积大，可以帮助鸟类飞翔。身体表面的羽毛可以起到保护作用，而且体表的羽毛还可以吸引异性或达到伪装的目的。外羽毛的下面还有一层柔软、蓬松的绒羽，可以起到保暖的作用。和人类一样，鸟类是温血动物，所以保暖工作必不可少。

鸟类可以通过扇动翅膀在空中精确地控制身体。类似白鹈鹕这样，每年都在不同栖息地之间来回飞行的行为叫做“迁徙”。

北极燕鸥是世界上迁徙距离最远的鸟类，每年都会从地球的一端飞到另一端，飞行大约35000公里。它们夏季在北极生活，而冬季在南极生活。

有趣的事实

鸟类冠军

- 最大的鸟：北美鸵鸟身高达2.75米，体重可超过150公斤。
- 最小的鸟：蜂鸟从头到尾总共才5厘米长。
- 最快的鸟：游隼捕食猎物向下俯冲时的速度高达322公里/小时，是飞得最快的动物。
- 最慢的鸟：美洲丘鹬飞行的速度仅为8公里/小时。

鸟巢和雏鸟

大多数雄鸟都会鸣叫或展示美丽的羽毛去吸引或追求异性。交配后，雌鸟在专门搭建的巢中产卵，并趴在上面保护它们，维持它们的温度，直到小鸟破壳而出，这种现象就是孵化。一些小鸟孵化后就可以离开鸟巢，自己照顾自己，比如眼斑冢雉。但大部分小鸟刚生下来时没有羽毛，眼睛也睁不开，需要被父母喂养几周，而信天翁喂养后代的时间有六个多月。

➔ 每到求爱季节，东南亚地区就是鸟的天堂，各种美丽的鸟类都会上下翻腾、鸣叫、挥动美丽的翅膀吸引异性。

➔ 蜂鸟用树枝、树叶和蜘蛛丝建造的杯状鸟巢。鸟妈妈将已经部分消化的食物吐出喂给嗷嗷待哺的幼鸟。

飞翔和食物

为了便于飞翔，鸟身上几乎所有的结构都很轻，包括骨头都是中空的。体内的气室从肺和呼吸道延伸到全身，携带更多氧气的同时还可以降低身体的重量。鸟类没有牙齿，取而代之的是坚硬的喙。喙的形状和鸟类的食物密切相关：细长的喙可以深入到花瓣或孔洞中；厚重的喙可以打开坚硬的种子；而钩状的喙则有利于撕咬肉类。

更多相关知识 ▸ 生命的起源68-69 ■ 昆虫、蜘蛛和甲壳动物84-85

哺乳动物

哺乳动物是温血动物，而且都用母乳喂养后代，所以称为哺乳动物。从巍巍山脉到汪洋大海，地球上几乎所有的地方都有哺乳动物的身影。所有的哺乳动物都有毛发，或者至少在一生中的某个阶段有毛发。

世界上大约有5400种哺乳动物，既有体重达160吨的蓝鲸，也有和你拇指一样大小的迷你蝙蝠，大约可以分为20几个类群。哺乳动物的英文单词为mammal，是根据雌性哺乳动物的乳腺（mammary gland）来命名的。乳腺一般位于动物体侧，可以产生乳汁来喂养后代。

红松鼠的牙齿非常强壮锋利，可以撬开坚硬的果实。

蝙蝠（属于翼手目）细长的指骨之间有褶皱在一起的皮肤，可以撑开当作翅膀飞行。大部分蝙蝠都是在夜间捕食昆虫或取食一些果实，也有一些蝙蝠靠吸食血液为生。

各种各样的哺乳动物

尽管哺乳动物看起来形态各异，但是它们也有一些共同的特征，比如拥有骨骼以及用肺呼吸。哺乳动物还都有毛发或毛皮，虽然犀牛和海豚只有几缕毛发。哺乳动物都有四肢，通常是四条用来奔跑的腿。也有些哺乳动物的四肢发生了特化，比如猿类的前肢特化成手臂，可以用来抓握东西；蝙蝠的前肢特化成翅膀，用来飞行；海豹和鲸鱼则特化成可以游泳的鳍状肢。

树袋鼠大部分时间是在树上生活。它们走路很笨拙，但是非常善于爬树，在树枝间可以很灵活地跳来跳去。它们主要生活在新几内亚和澳大利亚，和袋鼠是近亲。

繁殖

大部分哺乳动物的幼仔都是在母体的子宫内发育，成熟后再出生。只有鸭嘴兽和针鼹产卵，但是和其他哺乳动物一样，它们的幼仔孵化后也是通过母体的乳汁喂养长大。在袋鼠、考拉、袋熊、负鼠等有袋类哺乳动物中，幼仔在非常小的时候就离开母体的子宫，但是母体身前有个口袋一样的“育幼袋”，幼仔会在其中继续发育成长。

↑ 在裸滨鼠的种群里，只有一个雌性“鼠后”可以生育后代，而其他的都是挖掘隧道和收集食物的“工鼠”，或者是进行攻击或防御的“兵鼠”。

有趣的事实

大大小小的哺乳动物家族

- 2200种：啮齿类动物是最大的一个哺乳动物类群，包括小鼠、大鼠、松鼠和水獭等。
- 1100种：蝙蝠是第二大类哺乳动物，它们也是唯一可以飞行的哺乳动物。
- 4种：海牛类动物仅有儒艮和3种海牛，它们生活在海洋中，以海藻和其他植物为食。
- 1种：非洲有一种外形像猪，鼻子很长，取食白蚁的哺乳动物叫做土豚，该类动物仅此一种。

↓ 土豚晚上用鼻子寻找蚂蚁或白蚁的巢穴。它那又大又有力的前腿很容易就可以刨开蚁穴，一晚上可以吃掉50000个蚂蚁。

更多相关知识 ▸ 两栖动物88-89 ■ 海洋哺乳动物112-113 ■ 奇特的哺乳动物114-115

灵长类动物

世界上大约有600多种灵长类动物，小狐猴能舒舒服服地躺在你手掌上，而大猩猩则比五个成人还强壮。还有，人也是灵长动物的一种。

许多人都因为灵长类敏锐的感觉、社会性行为，以及它们的聪明伶俐而着迷，当然还有一个原因，那就是我们人类本身也是灵长类动物。灵长类动物还可以分为两类：包括猴子、猿和人类在内的类人猿以及包括狐猴、眼镜猴和蜂猴在内的原猴类。

狐猴是最小的灵长类动物之一，主要生活在马达加斯加，以浆果、坚果、昆虫和其他小动物为食。

金狮狨以果实、树叶、昆虫和一些小动物为食

金狮狨因其金色的鬃毛而得名。它有一个非常长的尾巴，有时比整个躯干还要长。

猴子

猴子可以分为两大类。一类是新世界型，主要生活在美洲，如绢毛猴、卷尾猴、吼猴和蜘蛛猴；另一类是旧世界型，生活在非洲和亚洲，有在树上荡来荡去的疣猴、长尾猴，也有生活在陆地上强壮有力的狒狒。

雪猴（或日本猕猴）主要生活在日本。它们喜欢寒冷的天气，主要以果实、种子、嫩树枝或树皮为食。

原猴类

大部分原猴生活在树上，视觉和听觉发达，四肢灵巧，手脚和尾巴都可以用来攀爬或抓取食物。马达加斯加岛上有100多种狐猴。它们的口鼻部和狗有些类似，嗅觉异常灵敏。著名的环尾狐猴便生活在嘈杂但充满活力的群体中。眼镜猴生活在非洲，一对大眼睛在夜间也能看清周围的事物，此外，它们在树枝上的跳跃能力也非常令人惊叹。

眼镜猴是一种在夜间活动的小型灵长类动物，有一对巨大的眼睛和长长的尾巴。这种奇怪的生物有一个非常灵活的脖子，可以旋转180度。它们喜欢吃昆虫、甲虫、蝴蝶和蝙蝠。

维氏冕狐猴生活在马达加斯加，因其洪亮的叫声而闻名。它们也会通过不同的叫声来进行交流。

类人猿

该类灵长类动物包括14种长臂猿，都生活在东南亚。还有生活在东南亚的猩猩以及生活在非洲的黑猩猩和大猩猩。当然还有遍布全世界的人类。

山地大猩猩比生活在平地上的同类体型要大。它们手臂更长，胸部肌肉更多，比其他大猩猩更为强壮。

试一试

每种灵长类动物都有不同的行走方式。你也是灵长类动物，试试下面这些方式，看看哪种最容易。

- 长臂猿：双手抓住树枝或横杆将身体悬空，依次移动手臂摆动前行。
- 眼镜猴：膝盖弯曲，双腿蹲下，然后快速跃起跳向前方。
- 大猩猩：四肢伏地行走，偶尔停下来后双腿站立，双手捶胸并大声吼叫。
- 人：双腿直立行走。没有其他灵长类动物采用这种方式！

更多相关知识 ▶ 生命的起源68-69 ■ 奇特的哺乳动物114-115 ■ 大象106-107

大型猫科动物

大型猫科动物有狮子、老虎、豹、美洲豹、猎豹、黑豹、雪豹、云豹等。

猫科动物有40多种，所有的都是肉食动物，而且身体结构都很类似。老虎是最大的猫科动物，生活在南亚和东亚地区。西伯利亚虎（东北虎）是体型最大的一种，身长可达3米，体重超过300公斤。

非洲猎豹是陆地上跑得最快的动物，它四肢矫健、头部短小、身体修长，时速高达110公里。

狮子和猎豹

狮子往往成群生活，是社会性生活的猫科动物。雄狮长有浓密的鬃毛，在自己的领域内威风凛凛地巡逻，并赶走入侵者。母狮子一起合作捕食较大的猎物，从羚羊、长颈鹿到犀牛和大象。猎豹一般没有固定的领域，它们通常用非常快的速度追捕猎物，比如瞪羚或野兔。

在母狮捕到猎物后，雄狮会首先进食，然后是母狮，最后才是幼师。

有趣的事实

大型猫科动物的生活习性

- 许多小猫不喜欢水，但是老虎和美洲豹都是游泳健将，它们很喜欢清凉的池塘，而且还能潜在水中捕食猎物。
- 狮子捕食唯一的社会性猫科动物。两三个雄性猎豹（通常是兄弟）也会形成联盟，在一起生活和捕食猎物。
- 如果一只雄狮侵入别人的领地，并取得了胜利，它会杀死所有的幼崽，因为那些都不是它自己的后代。然后，它会与其他母狮交配，开始建立自己的大家庭。

豹和美洲豹

豹子是适应性最好的大型猫科动物，生活在非洲和亚洲的许多地方。它们是攀登好手，可以把食物储存在树上，或者在树上捕获猎物。豹子甚至可以在城市周围以垃圾为生。美洲也有一种类似的动物——美洲豹，它的花纹和豹子相似。和其他大型猫科动物一样，美洲豹喜欢捕食较大的猎物，包括水龟、大水獭、蛇和凯门鳄等，如果饿了，它们也会吃青蛙和老鼠。

↑ 雪豹行踪隐秘，人们很少看到它们。它们生活在南亚和中亚的高山上，捕食野羊、鹿、野猪和其他一些小猎物。

↓ 美洲豹也生活在山上，在美洲分布很广。

更多相关知识 ▶ 熊100-101 ■ 狗和狼102-103 ■ 食物链118-119

熊

世界上仅有八种熊，在世界上大多数国家都有分布，可以生活在各种环境中。

熊是陆地上最大的肉食性哺乳动物。棕熊和北极熊大约有3米高，体重能超过500公斤。多数熊的头部都较大，口鼻部很长，眼睛和耳朵较小，身体强壮，尾巴短小。熊多为杂食性动物，食物范围从鹿到蘑菇、浆果和坚果。

北极熊主要生活在北极、加拿大、俄罗斯和挪威的部分地区。它们是凶猛的捕食者，也很擅长游泳，主要以海豹为食。

美洲灰熊是杂食性动物，取食果实、坚果、浆果和老鼠等。它们很喜欢吃大马哈鱼，常常聚在河边一起抓鱼吃。

棕熊和白熊

棕熊的生活范围很广，北美、欧洲和亚洲北部都有分布，包括美洲灰熊、西藏蓝熊和科迪亚克熊。它们经常沿着河岸捕食大马哈鱼。白熊生活在遥远的北极，它们以海豹或者腐烂的鲸鱼或海象为食。

亚洲黑熊和美洲黑熊的亲缘关系很近。它们的共同特征是胸前都有一个白色的“Y”型。和其他熊一样，它们也是杂食性动物。

有趣的事实

那些不是熊的“熊”！

一些哺乳动物的名字中有个“熊”字，但却不属于熊科，也不是真正的熊。

- 树袋熊（考拉）看上去很像熊，但是它们属于有袋目，在桉树上生活，以树叶为食。
- 和大熊猫不一样，小熊猫不是真正的熊。小熊猫科仅有小熊猫一个成员，它们和浣熊是近亲。

小熊猫主要生活在中国、缅甸、尼泊尔、印度和不丹，喜欢独居。小熊猫目前已濒临灭绝。

生活在南美的安第斯熊是个攀登好手，它们是素食主义者，主要吃果实和树叶。

小熊

美洲和亚洲的黑熊体型不大，主要生活在森林里，它们可以爬到树上摘食果实或鸟蛋。中国的大熊猫是最挑食的动物，它们几乎只吃竹子，偶尔吃一点鸡蛋或虫蛆。南亚的懒熊毛很长，口鼻部呈灰白色，以白蚁为食。最小的熊是生活在东南亚的马来熊，体重通常不超过50公斤。

马来熊的英文名字为Sun bears（太阳熊），根据它们胸前金色的一圈毛就像是初升的太阳，太阳熊也因此得名。它们一般在夜间活动，因为口鼻部较短，也被称为“狗熊”（dog bears）。

更多相关知识 ▸ 狗和狼102–103 ■ 食物链118–119 ■ 生境和生态系统120–121

狗和狼

犬科最大的成员是灰狼，还包括野狗、家狗、狐狸和豺等动物。

灰狼，也称作森林狼或蓝狼，在北方大部分地区都有分布。灰狼通常以家庭为单位成群生活在一起，每个狼群都由一头公狼和一头母狼统领，只有它们可以繁衍后代。灰狼几乎什么都吃，从刚被杀死的动物到腐烂的动物尸体，它们还会吃树根、树枝和果实等。

狐狸

地球上有37种狐狸，其中多数口鼻部都较长，有两个大大的耳朵和一个毛发浓密的尾巴。北极狐生活在遥远的北极，白色的皮毛非常厚，可以在没有任何树木的北极冻土带度过整个寒冷的冬季。赤狐是适应性最好，分布最广泛的哺乳动物之一，从美洲到欧洲、亚洲，甚至澳大利亚都有分布。生活在北非沙漠地带的耳廓狐比普通宠物猫的个头还小。它巨大的耳朵非常灵敏，可以听到地下甲虫或老鼠等猎物的声音。

长耳朵可以更好的收集声音，有利于捕食猎物

蓝绿色的眼睛

灰狼背部呈银灰色，脖子和肩部为黑色。它们通过嗥叫来进行交流。

斑點鬣狗（也称土狼）是食腐动物，它们按家族群居在一起，通常以其他食肉动物吃剩的食物为食。

非洲野狗的毛皮上有红色、棕色、黄色或白色的斑点。它们是非常危险的物种。

豺

豺主要有三种，分别是分布在非洲中部的侧纹豺，分布在非洲南部的黑背豺，以及分布在非洲东北部、亚洲南部和欧洲东北部的金豺。和狼类似，豺也会捕食一些小动物，但它们主要以其他大型捕食者（如狮子）剩余的猎物为食。它们也会在垃圾桶或垃圾堆里寻找食物。

黑背豺生活在开阔的林地或草原，通常夜间活动，嗅觉和听觉非常灵敏。

事实简述

野狗的类型

- 澳洲野狗（澳大利亚）：或许很久以前和家狗有共同的祖先。
- 郊狼（北美）：也称作草原狼，狡猾的猎手和食腐动物。
- 非洲野狗（非洲东部和南部）：善于集团作战，可捕食大型动物。
- 亚洲野狗（东南亚）：群居，通常成群捕食。

赤狐非常聪明，也非常狡猾。它们生活在荒野中，但在人类的居住地也非常适应。

更多相关知识 ▸ 熊100-101 ■ 食物链118-119 ■ 生境和生态系统120-121

啮齿动物

↑ 几乎到处都有松鼠，有些松鼠可以在树上滑行，看上去好像会飞一样。

啮齿动物有一对又长又锋利的大门牙，而且门牙会一直不断地生长，所以它们必须不断地啃咬东西。啮齿动物的种类很多，在每10种哺乳动物中，有4种都是啮齿动物。

人们大都知道家鼠与褐鼠，两种几乎是有人居住的地方都会有的老鼠。除此之外，还有几百种各种各样的老鼠，比如田鼠、仓鼠、沙鼠、水獭、松鼠、北美地鼠等。南美最著名的就是豚鼠，包括天竺鼠（英文名字为guinea-pigs，直译为几内亚猪，我们也称荷兰猪）、南美栗鼠、无尾刺豚鼠、刺豚鼠等。

树鼠

许多老鼠都是攀爬好手，通过锋利的爪子和尾巴的平衡作用，它们很容易就能爬到树上。和其他啮齿动物一样，它们的眼睛和耳朵都很大，还有一个长长的鼻子。因为老鼠是许多动物捕食的对象，它们不断颤抖的胡须可以发觉捕食者和其他危险。松鼠是非常适应在树上居住的鼠类，比如我们常见的灰松鼠和红松鼠，还有体长可达1米的印度巨松鼠。

↑ 红树鼠生活在北美针叶树上，过着神秘的生活。

↓ 仓鼠的头部到肩部有一个储存食物的小袋子，是很常见的宠物。

红松鼠通常会建造几个巢穴，每个可以储存200个松果。红松鼠嗅觉很灵敏，即便果实埋在雪里1米多深，它们也能闻到。

试一试

敲开坚果

接下来用坚果钳打开带壳的坚果（比如核桃或松果），尽量像松鼠一样整齐地打开它们。确认一旁有大人的协助。

- 步骤1：将坚果尖或窄的一端放在坚果钳的钳口。
- 步骤2：把坚果较平的一侧放在钳口。
- 步骤3：尝试其他位置，比如呈一定的角度。

注意：不要尝试用牙齿去咬，你可不是啮齿动物。

地鼠

许多啮齿动物在树洞或岩石下筑巢，或者在地下挖洞用来居住和繁育后代。它们通常晚间出来觅食，在沙漠里尤其如此，夜色可以帮助它们躲避捕食者和炙热的太阳。也有一些啮齿动物在地洞里生活的时间很长，比如美洲的囊地鼠和土拨鼠、欧洲和亚洲的花金鼠、亚洲的鼢鼠，以及非洲的鼹鼠（包括几乎没有毛的裸鼹形鼠）。

土拨鼠生活在高原地带的地道中，通过口哨一样的声音向同类传递信息。

南美巴拿马的水豚是世界上最大的啮齿动物，脚趾间有用来游泳的蹼。它们在水下可以停留5分钟以上。

更多相关知识 ▸ 哺乳动物94-95 ■ 大型猫科动物98-99 ■ 大象106-107

大象

大象因是地球上最大的陆生哺乳动物而闻名。它们是大型的食草动物，每年要吃掉大量的植物，无论经过哪里都会对环境造成巨大的影响。

几年前，人们还一直认为只有两种大象，分别是：体型更大、耳朵也更大的非洲象以及背部隆起更高的亚洲象。但是最新的研究发现或许有两种非洲象：非洲草原象体型稍大，象牙弯曲；而非洲森林象体型稍微小一些，象牙也更直。

象牙是非常贵重的物品，这也是人类捕杀大象的重要原因

象鼻由近10万块肌肉构成

公象一般在12—15岁左右离开象群。年轻的成年公象起初可能会聚在一起生活，一段时间后便会开始独自生活（图中所示为雄性非洲象）。

一头大象每天可以吃掉大约200公斤食物，包括树叶、嫩枝、果实、树根，以及富含矿物质的土壤等（图中所示的亚洲象）。

在首领的带领下，象群每年都会沿着固定的路线寻找最佳的取食地，以及用来饮用和淋浴的水源。

象牙和食性

象牙是两个向上生长的门牙，终生都会生长，因此非常长。发育完全的雄性非洲象的象牙是最长的。这些巨大的非洲象约有4米高，体重接近10000公斤，象牙可以长到3米多长。大象可以用象牙挖掘水源或食物，或者剥树皮吃，以及防御敌人的攻击。雌性的亚洲象很少有明显的象牙，部分雄性的亚洲象也没有象牙。

家庭生活

大象过着大家庭式的群居生活，每个象群都有一个年长的母象作为首领，还有其他一些母象及其后代共同生活在一起。作为首领，年长的母象要利用它几十年的经验带领象群不断地寻找水、食物和居所。雄性大象一般是单独生活，但是在繁殖季节，它们会走入附近的象群吸引异性并交配。

小象会紧紧跟着母象，接受照顾和保护。母象可能是小象的母亲，也可能是其他的“阿姨”，比如它母亲的兄妹、表兄妹，甚至女儿。

象鼻的功用

大象的鼻子很长，而且很灵活，可以向各个方向弯曲。象鼻可以完成很多工作：

- 抓住食物并送入嘴中。
- 发现食物、水、其他的同伴，以及感知危险。
- 将水吸入鼻子然后送到嘴里饮用，或者喷到身上冲个凉水澡。
- 抚摩或安抚象群的其他成员，尤其是小象。
- 将干燥的沙土撒到身上，来个沙土浴。
- 发出巨大的声响，和其他同伴交流。

更多相关知识 ▸ 哺乳动物94-95 ■ 大型猫科动物98-99 ■ 动物行为116-117

偶蹄类动物

有蹄类动物顾名思义就是有蹄子的哺乳动物。它们的脚趾顶端膨大，特化成重量轻但是硬度很高的蹄子。偶蹄类动物有很多种，从小巧的鼷鹿到巨大的河马，都是偶蹄类动物。

偶蹄类动物的每只脚上有两个或四个大脚趾。目前已知偶蹄类有210多种，大部分都被人类用来作为肉、奶、毛发和血的来源。它们的皮肤可以当作皮革使用，角还可以用来制作工具、器皿和装饰品。

食物和反刍

几乎所有的有蹄类动物都是食草动物。鹿、牛、羊和骆驼等都是反刍动物，也就是说这些动物的胃有好几个部分。反刍动物把食物咀嚼吞入后，先进入胃的第一部分——瘤胃，进行初步的消化。接下来，食物可以返回到嘴中，重新咀嚼，然后再进入到胃的其他部分。这种方式可以从质地粗糙、多纤维的植物食物中获取更多的营养。

↑ 一些瞪羚和羚羊可以跳得很高，跃入空中，这种行为被称作“ponking”，在向异性求爱的时候展示它们的力量。

↓ 野牛是最大的偶蹄类动物之一，大约有2米高，1000公斤重。世界上有两种野牛，分别是美洲野牛和欧洲野牛。

通过摩擦牙齿，野猪可以发出咯吱咯吱的声响警告捕食者

野猪是和猪很像的一种动物。它们食性很杂，以植物为主，但也吃一些蠕虫、蛴螬和一些小动物。

它们通常15—50个生活在一起

群居生活

有蹄类动物通常是其他食肉动物的猎物，比如大型猫科动物、狼、鳄鱼，甚至大蟒蛇等。为了安全，它们通常成群生活在一起。当大部分动物进食的时候，通常会有一些听觉、视觉、嗅觉敏锐的动物在周围警戒。一旦发现危险，它们就会警告同伴，这样食肉动物也就难以捕获到猎物。

在非洲，雄河马用它们吓人的犬牙争斗，以夺取一片水域作为领地，然后和雌河马可以一起抚养后代。

事实简述

偶蹄动物家族

- 牛科：野牛、水牛、羚羊、瞪羚、绵羊、山羊
- 骆驼科：骆驼、美洲驼、骆马、羊驼
- 猪科：猪、家猪
- 西猯科：西猯（类似于野猪）
- 鹿科：鹿、麋鹿、驼鹿、驯鹿
- 鼷鹿科：鼷鹿
- 河马
- 长颈鹿
- 叉角羚

更多相关知识 ▸ 哺乳动物94-95 ■ 大象106-107 ■ 奇蹄类动物110-111

奇蹄类动物

奇蹄类动物包括马、犀牛和貘等动物。

奇蹄类动物每只脚上通常有奇数个脚趾。包括驴和斑马在内的马科动物通常只有一个脚趾，而貘的前腿有四个脚趾，后腿有三个。

野马群通常由一匹种马领导，它会在母马和小马驹中巡视。

马

出于安全的缘故，马、驴和斑马一般为群居。它们的腿长而有力，可以快速奔跑逃离捕食者的追捕，或者用坚硬的蹄子来防御。所有家养马的祖先都来自于一种野马——蒙古野马。三种斑马都生活在非洲。亚洲有两种野驴，分别是中亚野驴和西藏野驴，在非洲也有野驴分布。

没有任何两匹斑马的纹路是相同的。科学家认为这些条纹有利于斑马隐藏和迷惑捕食者，而且还可以帮助斑马识别同类。

犀牛角是由角蛋白构成的，如果折断或脱落，会重新长出一个新的来

➔ 犀牛通常是非常害羞和胆小的动物，但是当它们受到惊吓时也非常有攻击性。图中为两只非洲犀牛在大草原上嬉戏。

犀牛的听觉和嗅觉非常灵敏

犀牛是食草类动物，只吃草、灌木和树叶

事实简述

奇蹄动物家族

奇蹄动物仅分为三个科，大约16种。

- 马科：马、野驴、斑马（7种）
- 貘科：貘（4种）
- 犀牛科（5种）

犀牛

犀牛有五种，分别是印度犀牛、爪哇犀牛、苏门答腊犀牛以及生活在非洲的黑犀牛和白犀牛。它们是大型兽类，皮肤很厚，而且几乎没有毛，鼻子上有角。犀牛角的质地和骨头不一样，而且会有夹杂的毛发。犀牛通常单独生活，除非在交配期或者母犀牛照顾小犀牛的时候，它们会生活在一起。除白犀牛外，其他的犀牛个体都非常稀少，处于濒临灭绝的边缘。

↑ 貘用它们灵活的鼻子从树上摘取树叶。

↑ 苏门答腊犀牛是最小的没有毛发的犀牛，体重一般不超过1000公斤。它的角可以长至70厘米长。

更多相关知识 ▸ 哺乳动物94–95 ■ 大象106–107 ■ 偶蹄类动物108–109

海洋哺乳动物

海洋哺乳动物可以分为三大类，分别是：鲸、海豚和鼠海豚，海豹、海狮和海象，以及海牛。

所有的哺乳动物都需要空气，所以海洋哺乳动物会定期浮到水面进行呼吸。但海洋哺乳动物有专门的肺，可以用来长时间潜水，一些鲸在水下能屏住呼吸1个多小时。海洋哺乳动物有鳍状肢，可以快速游动。鲸、海豚、鼠海豚和海牛的后肢已经退化，取而代之的是尾片，可以方便的游来游去。

和许多大型鲸类一样，蓝鲸在温暖的赤道地区产子，然后迁徙到较冷的地区捕食。

鲸鱼

鲸鱼、海豚和鼠海豚都属于鲸类动物。除须鲸外，其他的鲸类动物都是食肉动物，它们有锋利的牙齿，可以用来捕捉鱼、乌贼或其他猎物。蓝鲸、灰鲸和驼背鲸都是须鲸，它们上颌都悬挂有一个刷子形状的鲸须板。鲸须板可以从水中过滤磷虾等小生物。大部分鲸也成群生活，只是群体大小不等，有的三四头，有些则有几百头。

海象的象牙可以长到1米长。它们用象牙来攻击或自卫，还可以给异性留下个好印象，或者吓唬情敌。

海豹用它们的胡须来发现水中的鱼类

海豚可以发出咔哒声、尖叫声或其他声音来和其他海豚交流，而且它们可以听到反射回来的声音，通过回声进行定位。

事实简述

海洋哺乳动物的世界之最

- 世界最重的哺乳动物：蓝鲸，体长可达30米，重160000公斤。
- 世界上最大的食肉动物：抹香鲸，体长可达20米，重50000公斤。
- 世界上最大的脑：抹香鲸的脑，超过7公斤重。
- 潜水最深的哺乳动物：抹香鲸，可下潜至3000米深。
- 最大的海豹：象海豹，体长超过6米，重达5000公斤。

海牛和大象的亲缘关系较近。海象一般以海草为食，在水下可以停留大约6分钟。

海豹

鳍足类大约有34种海豹和海狮，在全世界的海岸都有分布。它们的长下巴和锋利的牙齿是捕鱼的理想武器。海豹在地上行走的时候不会用它们的鳍状肢，而海狮和海狗则会用它们前后的鳍状肢撑起身体，摇摇摆摆地行走。生有长牙的海象都生活在北极附近。和鲸不同，鳍足类在海岸上休息、晒太阳，并且在海岸上养育后代。

最小的海洋哺乳动物是生活在北美太平洋沿岸的海獭。它可以在躺在海藻中，浮在水上休息。

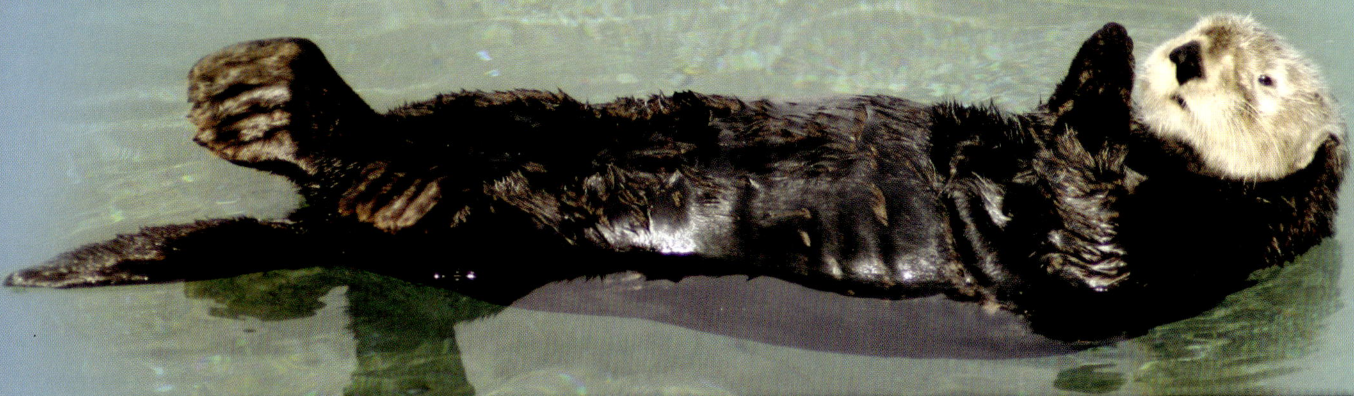

更多相关知识 ▸ 河流和湖泊54-55 ■ 海洋58-59 ■ 鱼类86-87

奇特的哺乳动物

哺乳动物的体型差别很大，比如蓝鲸的大小是鼩鼱或蝙蝠的5000万倍。除了体型之外，哺乳动物还会带给你许多惊喜。

最奇怪的哺乳动物可能就是鸭嘴兽了。鸭嘴兽长得就像是其他动物的组合体，和鸭子一样，嘴巴宽扁、脚上有蹼，但是尾巴扁平，有点像水獭。和其他的哺乳动物不一样，它不是直接出生，而是从卵中孵化出来的。小鸭嘴兽孵化出来后没有毛，眼睛也睁不开，非常的无助。它们也是用母亲的乳汁喂养大，这和其他的哺乳动物是一样的。

空中和水下

猫猴是一种生活在空中的奇特哺乳动物，也称为飞狐猴。它既不是猫，也不是猴，和鼩鼱（地鼠）有点亲缘关系。猫猴可以滑翔100米。儒艮是生活在水里的奇特的哺乳动物，也称作海牛、美人鱼。它们是脚上带蹼的食草动物，沿着江河、潟湖或海岸生活。它们可以长至4米长，体重超过1000公斤。它们的肠道甚至有30多米长。

树鼩的食性很广，从蠕虫、昆虫、蛴螬到果实、种子都是它们的食物。

海牛身体表面覆盖一层细细的毛发，叫做触须。这些触须对水中的震动非常敏感

研究表明海牛的视觉很差，它们主要依靠触觉在水底进行活动

海牛已经完全适应了水中的生活，在陆地上不能存活。

目前，仅在澳大利亚东部发现了鸭嘴兽。通过它感觉敏锐的嘴巴，鸭嘴兽在水里猎捕鱼或其他生物为食。

事实简述

最“普通的”哺乳动物？

- 最“普通”、平常的哺乳动物是今天生活在东南亚的树鼩。
- 树鼩看上去像是大鼩鼱，只是鼻子更长，还有不断颤动的胡须，眼睛耳朵也更大，体型更修长，爪子更锋利，尾巴也更长。
- 2亿年前，在恐龙时代出现的第一种哺乳动物，或许看上去有点像今天的树鼩。

穿盔甲的哺乳动物

一些哺乳动物在体表有盾牌一样坚硬的铠甲，保护自己免受伤害。犰狳生活在美洲，它从头到尾都有一圈一圈的皮革盔甲。在非洲和亚洲，穿山甲身上披了一层角质的鳞片，每个鳞片的形状就像钻石一样，可以很好地保护身体。豪猪也一样有铠甲保护，全身布满锋利的长刺，这些长刺都是由毛发长成的。

雌性飞狐猴在身体周围有片状的皮肤。虽然不能真正的飞行，但它们可以从一棵树滑行到另一棵树上。

更多相关知识 ▸ 海洋58-59 ■ 两栖动物88-89 ■ 哺乳动物94-95

动物行为

无论食性、防卫方式、寻找领地、独居或群居，还是迁徙等，动物行为的差别非常大。

领地对于很多生物来说都非常重要，无论是狮子、猩猩，还是蛇或小丑鱼。领地是一个动物生活、取食、交配，并防止其他同类侵入的区域。只有最强壮、最健康的个体才能拥有领地，它们也会产生强壮、健康的后代。

北美旱獭也叫做土拨鼠，它们从10月份一直到来年3月份都进行冬眠，仅靠身体里储存的脂肪维持。

冬眠还是迁徙？

一些地区的季节性比较明显，有些季节对动物来说比较严酷，比如寒冷的冬季和干燥的夏季。一种生存的办法就是长时间的睡觉（也就是冬眠），可以节约能量以度过冬天。睡鼠、土拨鼠以及一些刺猬和蝙蝠就采用这种方法。还有一种办法就是行走很远的距离（也就是迁徙），到另外一个环境比较好的地方生活。燕子、大雁、燕鸥和鹰等鸟类，以及驯鹿、角马、鲸鱼等哺乳动物，还有金斑蝶等昆虫都是迁徙动物。

黑脉金斑蝶迁徙的距离可达5000公里。它们每年都会沿着同样的线路进行迁移，有时甚至会返回同一棵树上生活。

非洲角马的迁徙是非常壮观的景象。为了寻找更适合的草原，角马每年都会经过河流，但是总会有一些命归黄泉，被鳄鱼吃掉。

使用工具

使用工具曾经被认为是只有人类才会的非常聪明的行为，但是现在我们知道并非如此：

- 黑猩猩会使用工具，它们会用石头砸开坚果，也会用小树枝挖白蚁吃。
- 大猩猩会用树叶盛水喝。
- 猩猩可以拿大树叶当伞用，好让自己不被淋湿。
- 海豚可以将小块海绵动物扔入海底，以帮助寻找食物。
- 埃及秃鹰可以用石头当锤子敲开鸟蛋。
- 啄木鸟雀的嘴较短，但是它们可以用仙人掌的刺把小虫从树洞中挑出并吃掉。

求偶与繁殖

许多动物在交配前都必须经历一个求爱期。根据物种的不同，求偶期的表现也有很大的差异，比如跳舞、展示美丽的身体部位、有韵律的鸣叫或者赠予物品等。在整个求偶期，双方可以确认对方是否是最合适的，然后才会做出选择，以保证后代的强壮与健康。

最令人赞叹的求偶行为当属雄鸟了。为了吸引异性，它们不断地唱歌、跳舞，展示美丽的羽毛。

灰冠鹤是非洲最常见的鹤，它们通常单独生活，但是在繁殖季节则成群生活在一起。

许多生活在森林里的动物都用大声的吼叫警告侵入它们领地的入侵者，雄猩猩为此甚至可以叫一整天。

更多相关知识 ▸ 鸟类92–93 ■ 灵长类动物96–97 ■ 奇蹄类动物110–111

食物链

许多动物以植物为食，是食草动物，而也有一些动物是食肉动物，它们主要吃肉类，所以这样的取食关系就组成了食物链或食物网。

植物通过光合作用（见第74页）从太阳获得能量，并且从土壤中获取营养。当食草动物吃了植物食物，就为自己的身体获得了能量和营养。食肉动物通过捕食其他动物也同样获得了能量和营养。于是，能量和营养就沿着食物链传递。当生物死亡时，它们的尸体就会被虫子或菌类等分解者分解掉，完成整个循环过程。

食物链和食物网

一个简单的食物链是这样的：斑马在非洲大草原上吃草，然后又被狮子吃掉。但在自然界中，动物很少会只吃一种食物。草也会被羚羊、瞪羚等其他动物取食。狮子也会捕食长颈鹿或其他动物。所以食物链就会有许多分支，连成网状，称为食物网。每个食物网都是从植物开始，然后是食草动物、一级食肉动物、二级食肉动物，直到顶级食肉动物。

毛毛虫从树叶中获取营养

吃树叶的毛毛虫是食物链中重要的一环，它们是无数小型食肉动物的食物，比如鼩鼱、鸟和蜘蛛等。

秃鹫是食腐动物，它们取食动物的尸体，帮助有机废物的分解。

在食物链中，食物永远不会被浪费掉。图中即为食腐动物清理动物的骨头。

食物链有多长？

一个食草动物的食物链可以只有两个连接：植物和食草动物，然后食草动物死亡并腐烂。陆地上大部分食物链有三到四个连接，尤其对哺乳动物和鸟类来讲。这是因为它们是温血动物，需要消耗大量的能量。也就是说，相对于冷血动物，温血动物传递给下一个连接的能量较少。海洋中的食物链可能会达到六个或八个连接，甚至更长。

试一试

你处在食物链的哪个位置？

下次吃大餐的时候，可以试着找出你在不同食物链中的位置。

- 吃水果和蔬菜的时候意味着你是食草动物（素食者），因为你直接吃植物。
- 吃牛肉或羊肉的时候，你成为第一级食肉动物。
- 当你吃大马哈鱼的时候，你可能是第三级食肉动物，因为大马哈鱼吃小鱼，小鱼吃虫子，而虫子以一些水生植物为食。

虎鲸是海洋食物网中的顶级捕食者。

更多相关知识 ▸ 大型猫科动物98-99 ■ 狗和狼102-103 ■ 生境和生态系统120-121

生境和生态系统

生境也就是栖息地，是动物生活的特定场所，比如炎热的沙漠、绵延的山脉、潮湿的沼泽或者是布满岩石的海岸。每种生境都有自己的特点，而且也会有与之适应的植物和动物。

人们认为，一些特殊的小生境组合在一起就会形成大的生物群落，例如池塘、小溪、大河和湖泊都是淡水生物群落。但是由于这些生物群落所处的位置不同，环境差别也会非常大。一个热带的湖泊环境很温暖，就会生活着肺鱼、鳄鱼与河马等；而一个北方的湖泊群落里就会生活着梭鱼、白鲑以及驼鹿等动物（第52—59页列举了一些生境和生物群落的类型）。

生境特点

生物群落和它们所处的生境通常用温度、降水、阳光、风以及岩石和土壤的类型来描述，例如沙漠生境给人的感觉就非常干燥。不过沙漠生境也有很多种，常年炎热热带沙漠，坐落在高山上的高原荒漠，还有极地的冻土荒漠。还有一些生境根据主要的植物类型命名，比如北方的针叶林生境、阔叶林生境等。

沼泽是典型的湿地生境。青蛙和鳄鱼都可以适应水陆两种生活。

由于常年温暖湿润，热带雨林的生物种类非常丰富，从树木、花朵到昆虫、鸟类以及高等的哺乳动物。

事实简述

生物多样性

- 一个生境内植物、动物以及其他生物的种类和数量的多少就是生物多样性。
- 生命的繁荣和温度、湿度的关系非常密切。热带雨林就是一个温暖潮湿的地方，生物多样性非常丰富，一间教室那么大的地方，生物的种类甚至可以达到10000种。
- 在遥远的北方，在寒冷的荒漠地带，同样大小的地方生物多样性就会非常低，通常不足25种。

寒漠是寒冷、多风的生境，环境非常严酷，生物种类也较少。只有少数几种动物可以适应这种低温的环境，比如全身有长长皮毛的麝牛。

生态学家在一些地区进行了许多研究，以了解植物、动物以及周围的环境三者之间是如何相互作用的。

生态系统

生物群落是由许多不同的生态系统组成的。生态学是研究生态系统的分支学科，主要研究某个地方各种各样的生物，包括植物和动物以及空气、土壤、岩石、水、光照等非生物要素。生态学家研究各种适应现象，比如植物的根如何获取营养，动物在哪里发现居所等，此外还研究食物链和食物网。生态学的主要目的就是要了解所有的这些在一起成为一个生命系统是如何运作的。

更多相关知识 ▸ 鸟类92-93 ■ 海洋哺乳动物112-113 ■ 动物行为116-117

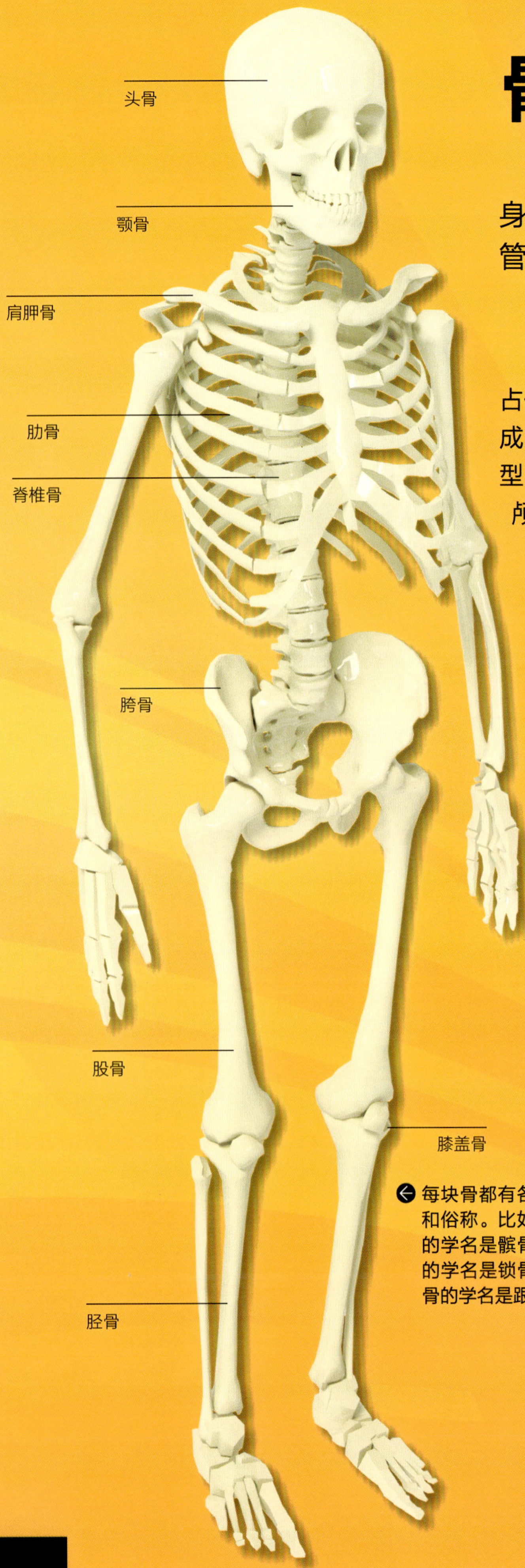

骨架和骨骼

人体的2/3是水。如果没有骨架——支撑身体的骨骼框架，体内那些柔软的部分如血管、神经、肠道和肺就会坍塌，缩成一团。

人体的骨架由206块骨构成，它们的总重量大约占体重的1/7。尽管骨头很坚硬，但它们的一半由水组成，并且能够轻微地弯曲以适应受到的压力。骨的造型因各种功能而异，手臂和腿骨帮助运动，而肋骨和颅骨则保护诸如心脏、肺和脑等娇嫩的器官。

骨架的组成

中轴骨骼是身体主要的中心支柱，它包括颅骨、脊柱的椎骨、肋骨、骶骨（脊柱的底座）和尾骨（像尾巴一样的骨头）。附肢骨骼由帮助身体不同部位运动的骨头组成，如肩膀、胳膊、手、臀部、腿和脚。超过半数骨骼在四肢的末端——手腕（16块）、手（10块）、手指（28块）、脚踝（14块）、脚（10块）和脚趾（28块）。

每块骨都有各自的学名和俗称。比如，膝盖骨的学名是髌骨，琵琶骨的学名是锁骨，而足跟骨的学名是跟骨。

简单常识

梗概

- 颅骨共有29块，包括下颌骨和耳骨。
- 脊柱由26块相互连接的椎骨（背骨）组成。
- 最大的骨是髂骨，又称臀骨。
- 最长的骨是股骨，又称大腿骨，占整个身长的1/4。
- 最小的骨是镫骨，三块听小骨之一，在耳朵深部。

骨的内部结构

你在博物馆看到的骨头可能是苍白易碎的，那是因为他们已经“死去”很久了。在人身上，骨头是灰色而有活力的，并且有提供养分的血管和感知压力与疼痛的神经穿过。大部分骨骼具有空腔，里面有果酱状的骨髓。红骨髓主要存在于髂骨（胯骨）等扁骨，每秒钟能制造出超过200万个新生血细胞。而存在于其他骨骼的黄骨髓则储存着能量，脂肪。

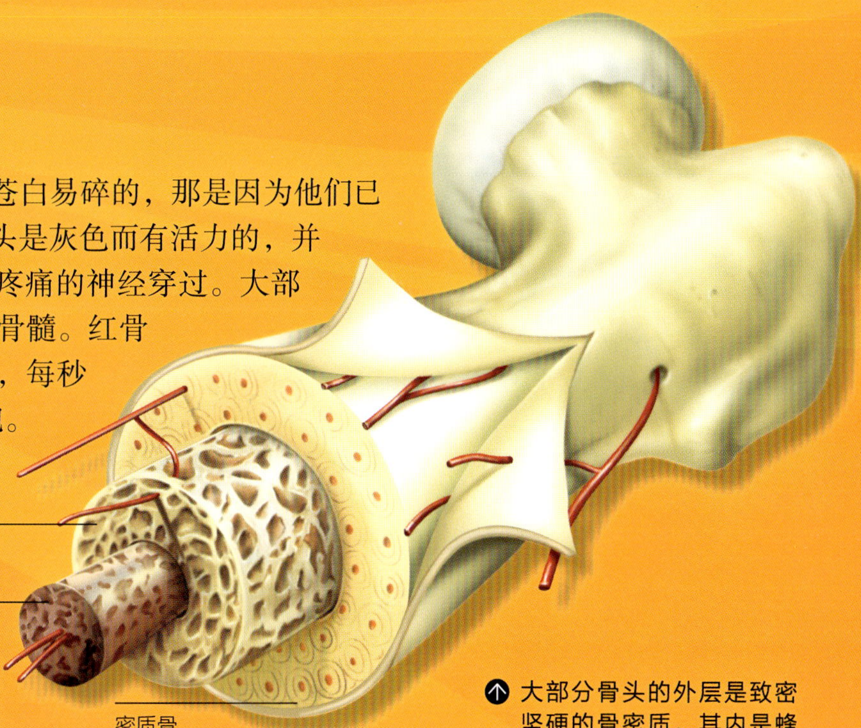

大部分骨头的外层是致密坚硬的骨密质，其内是蜂巢状的松质骨，包裹着中心的骨髓。

骨头具有很强的保护能力，但也不是坚不可摧。高空坠落的物品很容易打破颅骨，损伤大脑，所以防护装备十分重要。

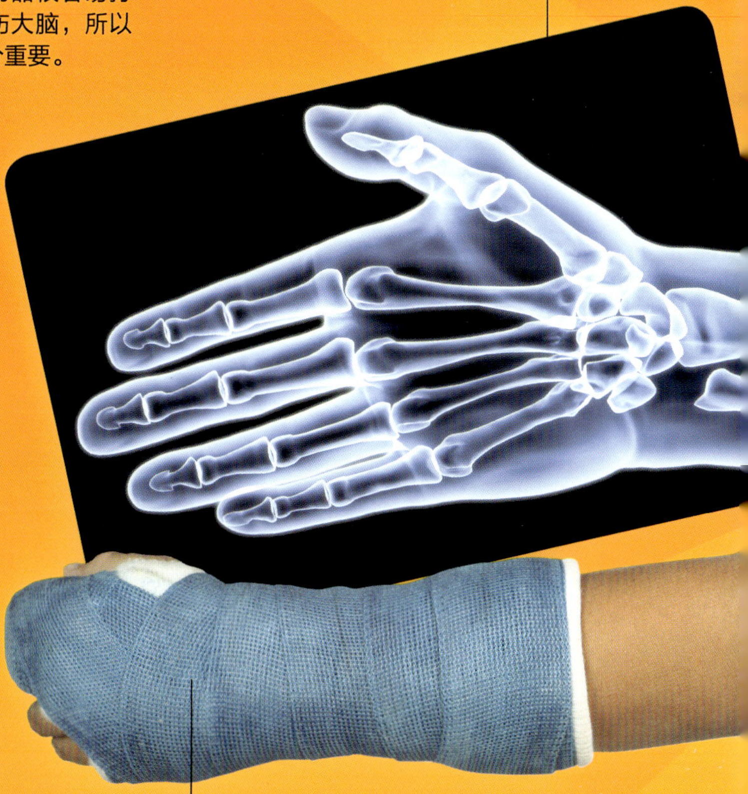

当受到强大外力时，骨头可能会断裂，称为骨折。通常，骨折需要好几周才能痊愈。

肌肉和运动

人的一切运动和行为都是通过肌肉实现的。但是，一块单独的肌肉只能缩，而不能伸。那么我们是怎样做出如此多种动作的呢?

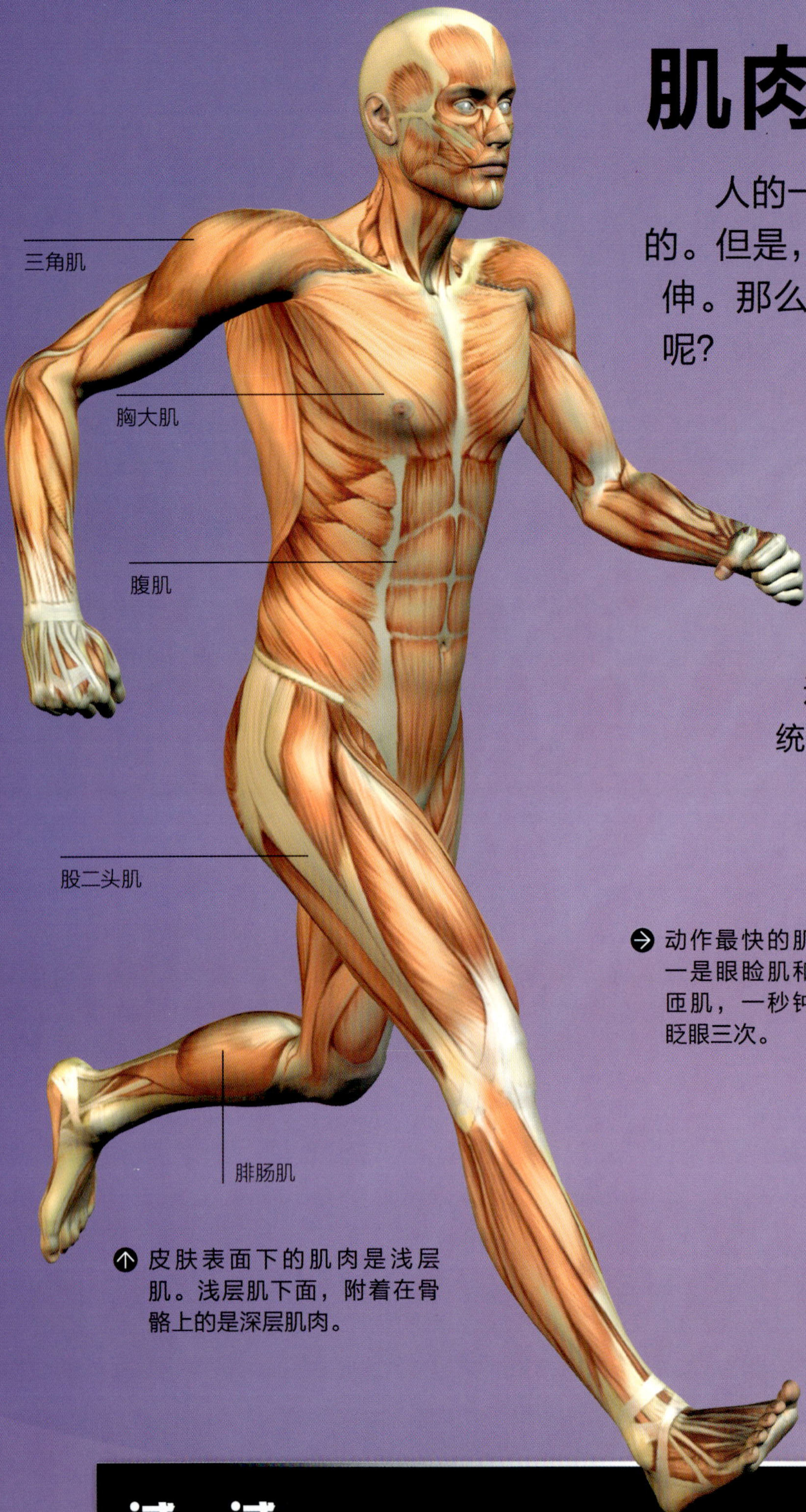

人体有640多块肌肉。一个正常的健康人，肌肉重量能达到体重的2/5。大部分肌肉附着在骨骼两端，因此它们又被称作骨骼肌。当肌肉收缩变短，就会带动连接着的骨骼产生运动。其他类型的肌肉还存在于消化系统、心脏和其他内脏。

↑ 皮肤表面下的肌肉是浅层肌。浅层肌下面，附着在骨骼上的是深层肌肉。

→ 动作最快的肌肉之一是眼睑肌和眼轮匝肌，一秒钟能够眨眼三次。

试一试

手肌

看看肌肉和肌腱是如何工作的。

- 第1步：坐到桌子面前，将你的前臂和手平放在桌上，手心向上。
- 第2步：慢慢握拳，可以看见前臂靠近手肘的肌肉隆起来。这些就是让手指弯曲的肌肉。
- 第3步：用力握紧拳头。可以看见这些让手指卷曲的肌肉隆起得更明显，而连接它们和手指骨头的肌腱也能在手腕显示出来，就是那些细长的条索。

肌肉组成

最大的肌肉是屁股上的臀大肌，它为行走、奔跑和跳跃提供主要力量。最小的肌肉在耳内的镫骨上，几乎比这个“1”还小。所有的肌肉都由比头发丝还细的肌肉纤维束（又叫肌纤维）组成。每条纤维含有更细的肌原纤维，里面有肌动蛋白和肌球蛋白链。这些细丝相互移动使肌肉收缩。

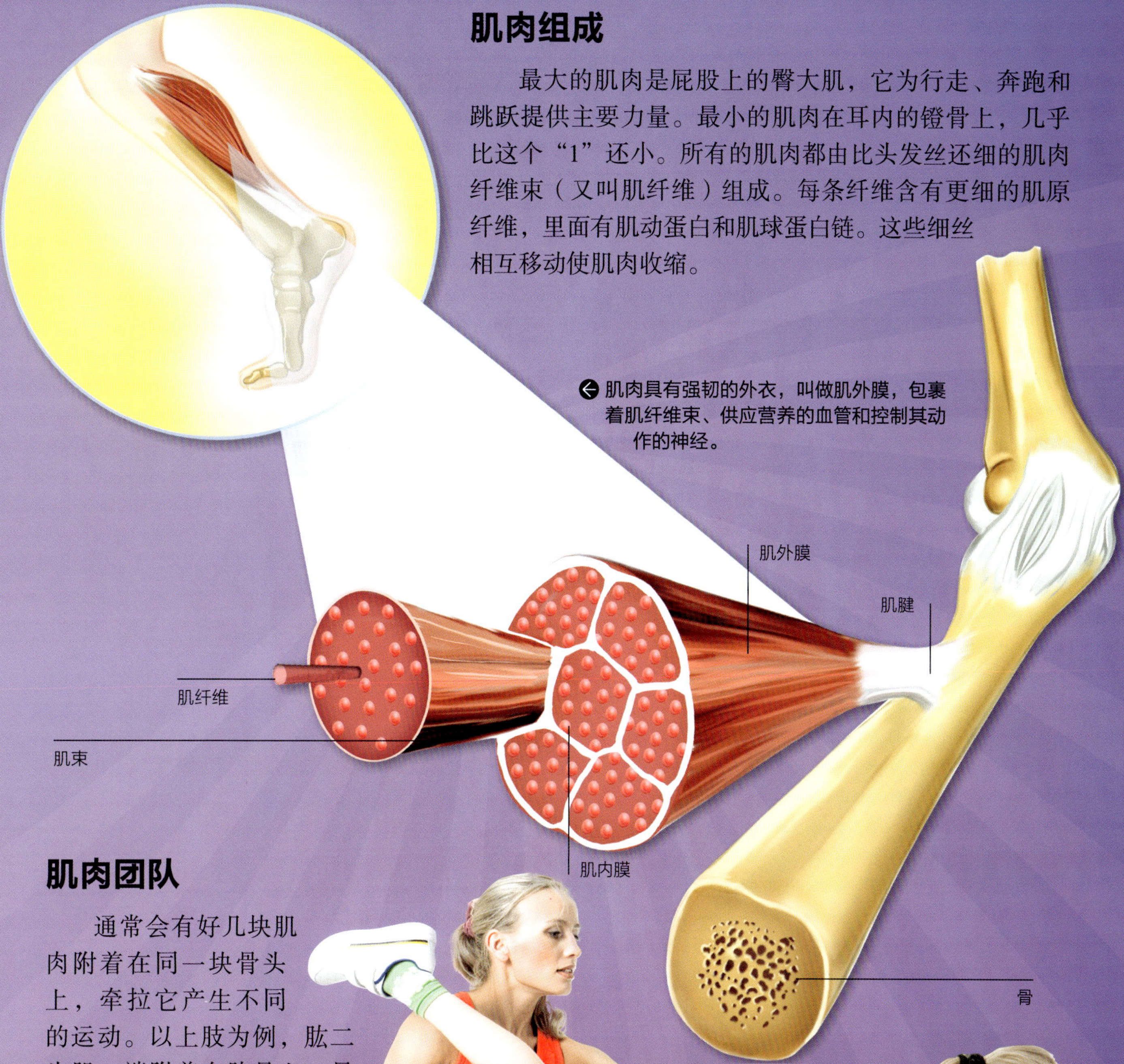

肌肉具有强韧的外衣，叫做肌外膜，包裹着肌纤维束、供应营养的血管和控制其动作的神经。

肌肉团队

通常会有好几块肌肉附着在同一块骨头上，牵拉它产生不同的运动。以上肢为例，肱二头肌一端附着在肱骨上，另一端附着于前臂的骨头。当肱二头肌收缩时，手肘弯曲。而要伸直手肘时，则肱二头肌松弛而肱三头肌收缩。全身肌肉都这样成对或成组的工作，我们才可以做出流畅、精确的动作。

健康的肌肉并非很大和很凸出。肌肉相互协调工作，以完成复杂的动作，并且能支持长时间的动作，使身体运动协调、流畅。

更多相关知识 ▸ 骨架和骨骼122-123 ■ 食物和消化126-127

食物和消化

人体需要有规律的饮食来为身体提供能量，才能生长，并维持或修复各个器官和组织。

消化系统的主要部分是9米长的消化道。开口于嘴巴，接着是食道、胃、小肠、大肠和直肠，直到肛门结束。消化系统还包括肝、胆、胰，它们能够分泌消化液。消化的过程就是将食物一步步分解成微小的碎片，最后小到能进入血液。

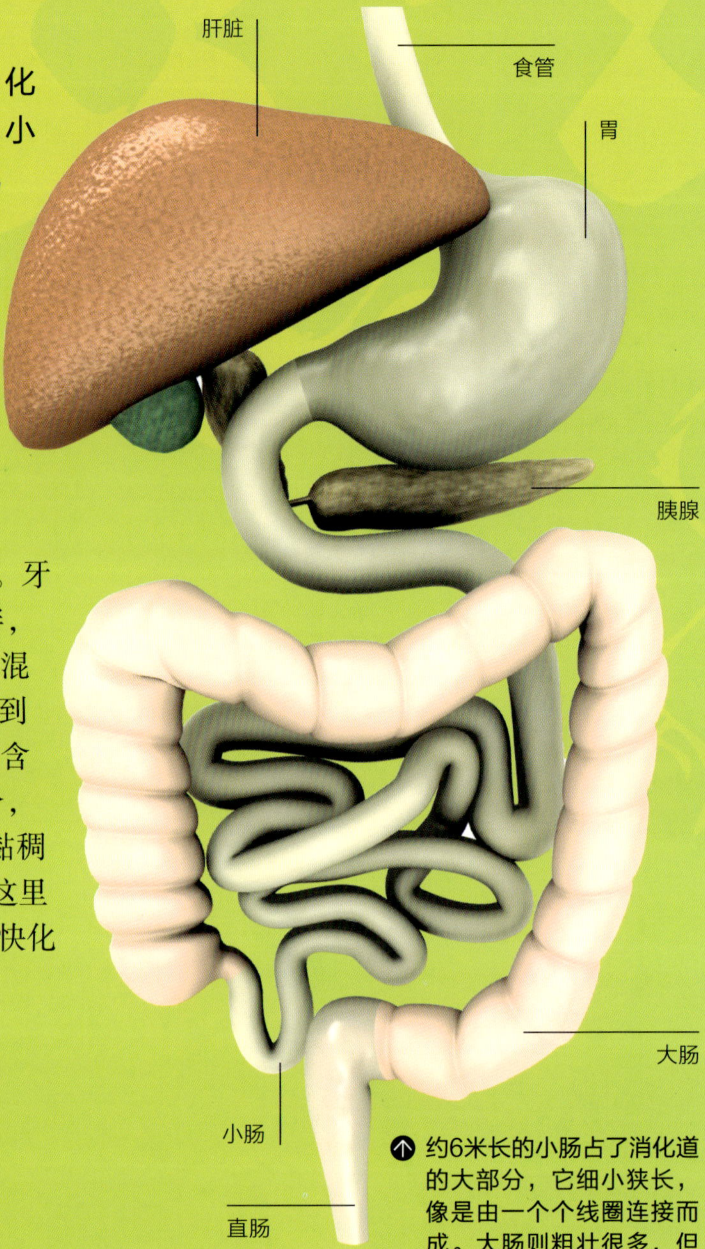

约6米长的小肠占了消化道的大部分，它细小狭长，像是由一个个线圈连接而成。大肠则粗壮很多，但只有1.5米长。

消化的初始阶段

消化的第一阶段是在嘴巴里面完成的。牙齿咬下食物，舌头（见第134页）进行搅拌，牙齿再将它彻底咀嚼。食物与唾液（口水）混合后变得润滑，很容易就吞进食管，然后到达胃。在这里，食物会和含有酸和酶的消化液混合，变成部分被消化了的黏稠的流质，称为食糜。这里提到的酶，是一种加快化学反应速度的物质。

“Five a day”（每天五份），是指每天要吃五份水果或蔬菜，才能保持身体和消化功能的健康。

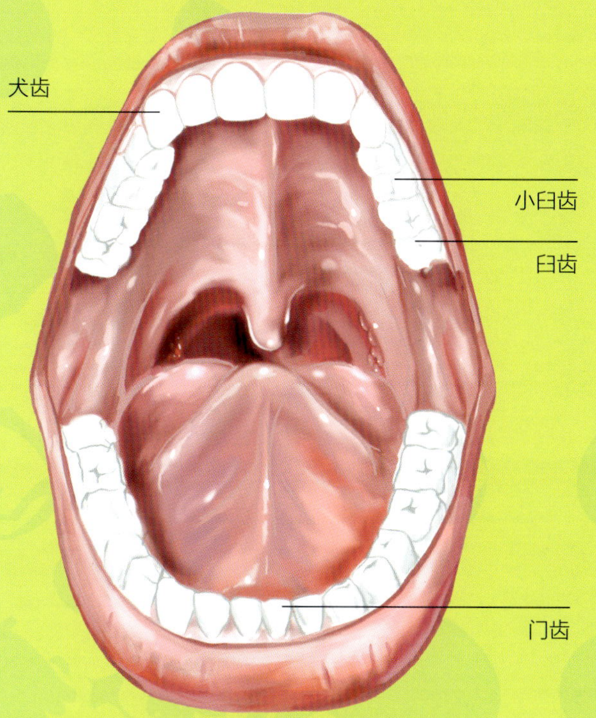

简单常识

健康饮食

- 淀粉或碳水化合物含量高的食物比糖类食物提供的能量要多，比如大米、面食、马铃薯和面包等。
- 新鲜的水果和蔬菜中含有重要的维生素、矿物质和纤维质，可以保持消化系统的健康。
- 肉类、鱼类和奶制品可以提供蛋白质，用来构成新的身体组织。
- 取食太多的动物脂肪会损害心脏、血管和其他器官。
- 取食了过多的食物就会变成脂肪存储在体内。久而久之，人就会变胖。肥胖也会引发许多健康问题。

消化的后期阶段

胃将它里面的食糜清空，送入含有更多消化酶的小肠，完成消化。营养成分通过血管壁渗入微血管。食物残渣则进入大肠，其中的水分和矿物质被吸收到体内。剩下的棕色残留物，即所谓的粪便，存储在直肠，在方便的时候通过肛门排出。

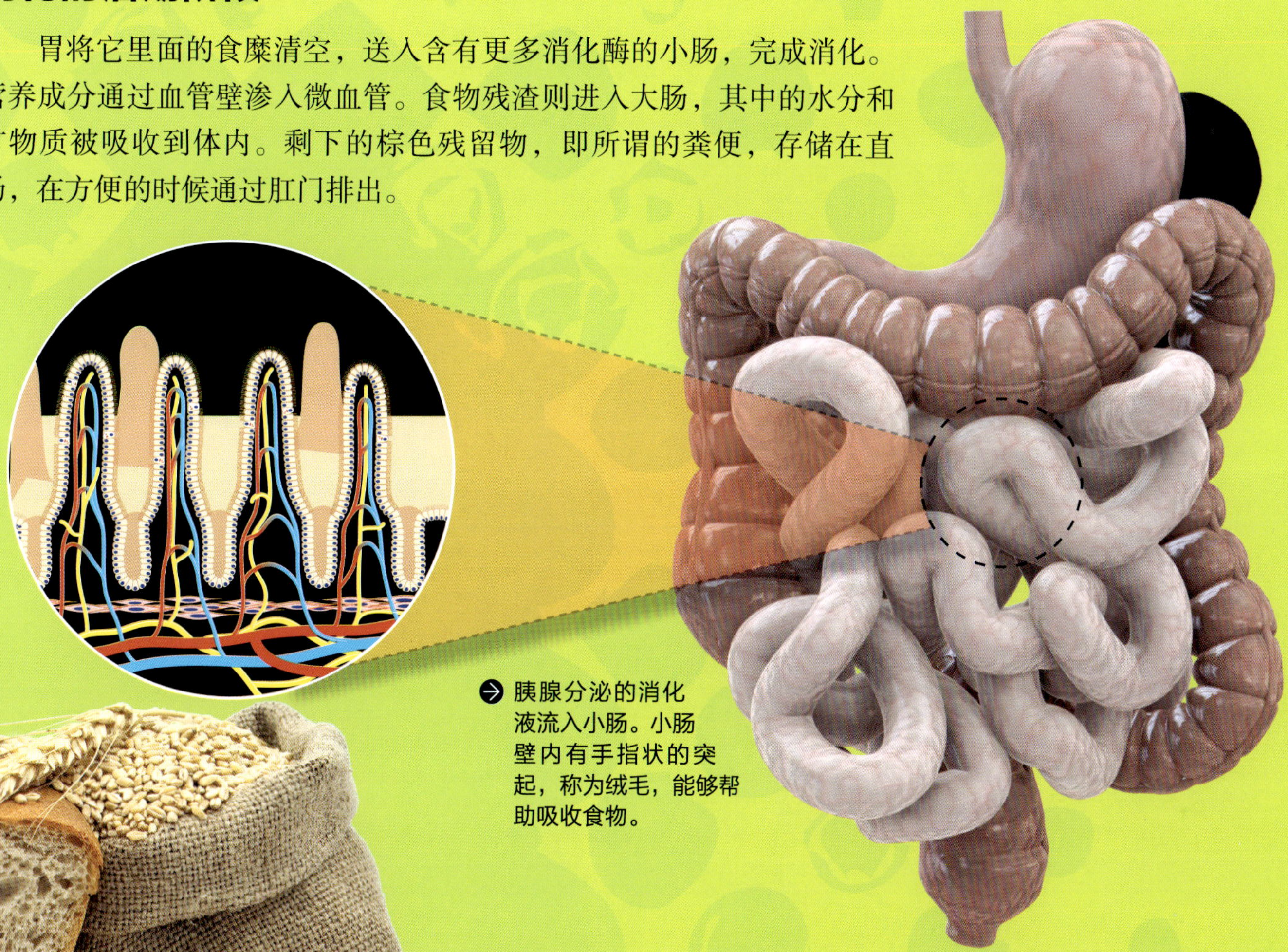

➔ 胰腺分泌的消化液流入小肠。小肠壁内有手指状的突起，称为绒毛，能够帮助吸收食物。

肺和呼吸

人不吃东西能活上好几天，不喝水也能生存几天，但是没有了氧气就只能活几分钟了。呼吸能将空气中的氧送到血液里。

呼吸系统是由鼻、喉、气管和两个管状支气管构成的气流通道，空气通过这个通道进入肺部。吸入的清新空气中有1/5是氧气，能在肺部深处进入血液。同时，废气、二氧化碳从血液进入空气，然后呼出。

肺的深处

支气管逐渐分为越来越细小的细支气管。它们比头发丝儿还细，末端有极小的空气袋，叫做肺泡。肺泡外缠绕着微血管或毛细血管。空气中的氧气很容易通过纤薄的肺泡和毛细血管壁进入血液，与二氧化碳交换。

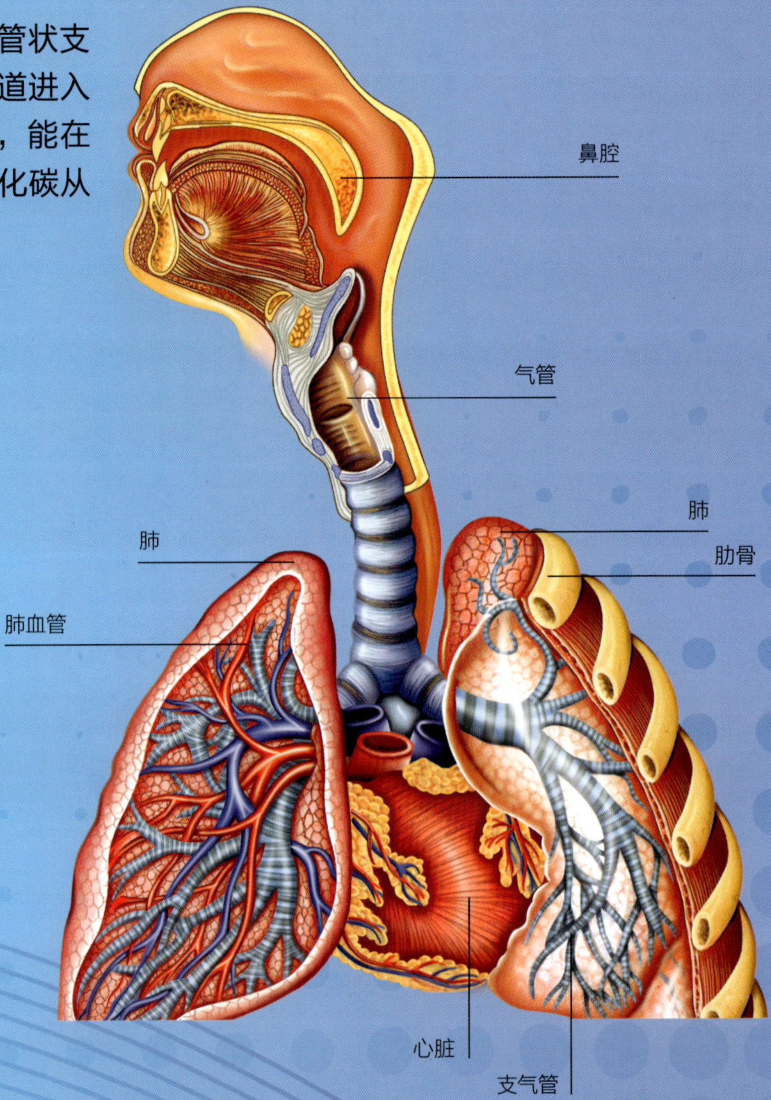

两侧肺和它们之间所夹的心脏占据了大部分胸腔。气管壁有较硬的软骨环，可以在脖子弯曲的时候保证气管打开。

喉腔内有两条脊状突起，称为声带。当它们并拢时，肺内的空气通过使它们产生振动，就发出了声音。

呼吸运动

吸气时，肋骨之间的肌肉缩短，肋骨升起、隆出。同时，肋骨下缘圆顶形的薄片肌肉——膈肌平展开来。这两个动作使肺部舒展，把空气吸进气管。呼气时，两组肌肉都松弛，富有弹性的肺会缩小，排出空气。

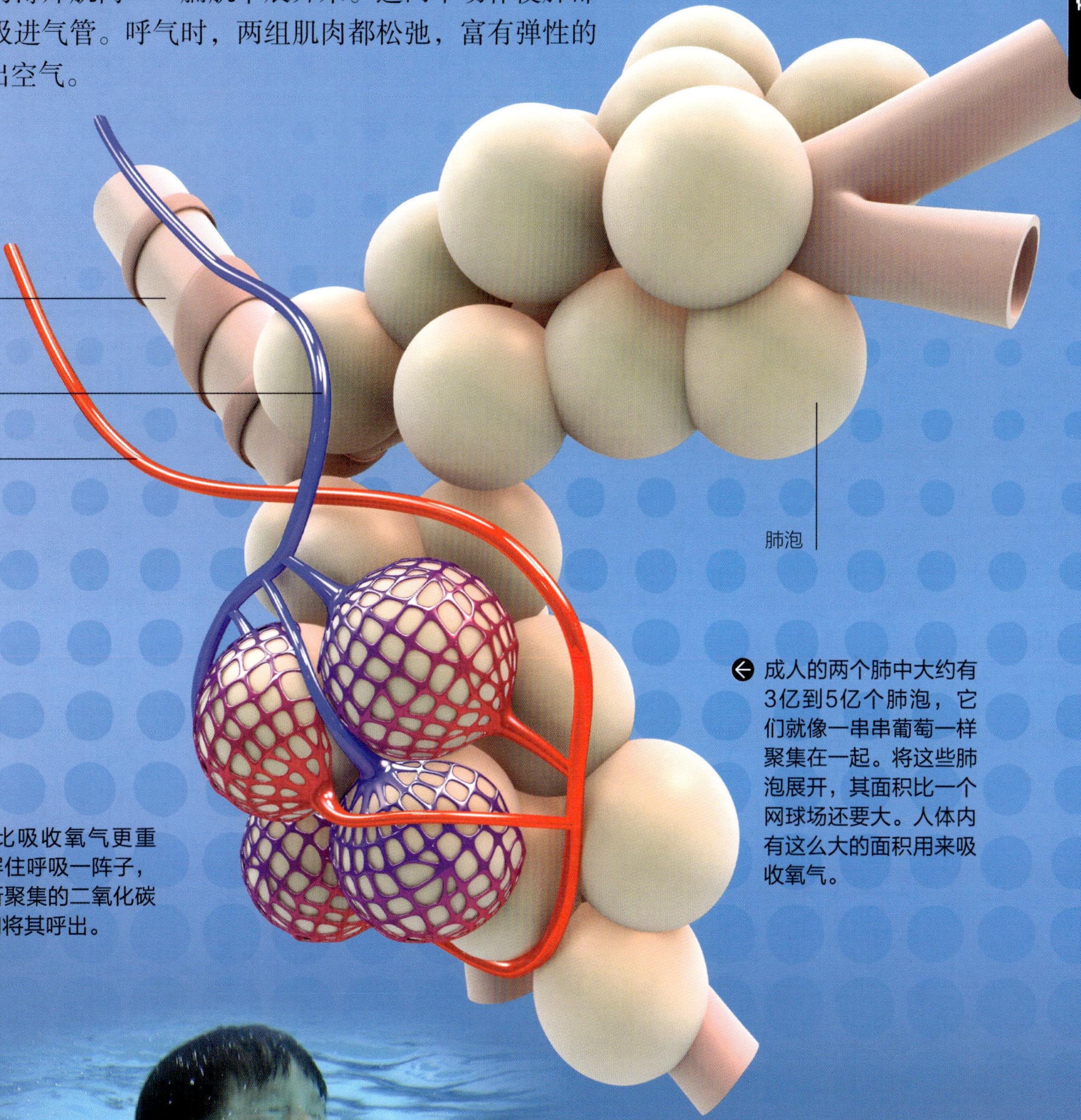

成人的两个肺中大约有3亿到5亿个肺泡，它们就像一串串葡萄一样聚集在一起。将这些肺泡展开，其面积比一个网球场还要大。人体内有这么大的面积用来吸收氧气。

清除二氧化碳比吸收氧气更重要。我们可以屏住呼吸一阵子，但是血液中不断聚集的二氧化碳最终会迫使我们将其呼出。

奇妙的事实

呼吸新鲜空气

- 休息时，大多数人每4秒钟呼吸半升空气，也就是每分钟7.5升。
- 运动时，呼吸速度高达每秒1次，呼吸的空气达每次2公升，每分钟120升。
- 深吸气后，有些人能呼出超过4升的空气。

更多相关知识 ▸ 肌肉和运动124–125 ■ 心脏和血液循环130–131

心脏和血液循环

很久以前，人们认为思想和情绪是心脏产生的。我们现在知道大脑才是思想的中枢。尽管如此，心脏还是人体一个十分重要的部分。

心脏的任务是接收血液，以及为泵出血液提供动力。实际上，心脏有两个泵。左侧泵接收来自肺部富含氧气的血液并将它输送到全身各处。之后，血液含氧量会变低，通过静脉回流至右侧泵，并从这里泵至肺部吸取更多氧气，然后再回到左侧泵开始一个新的循环。

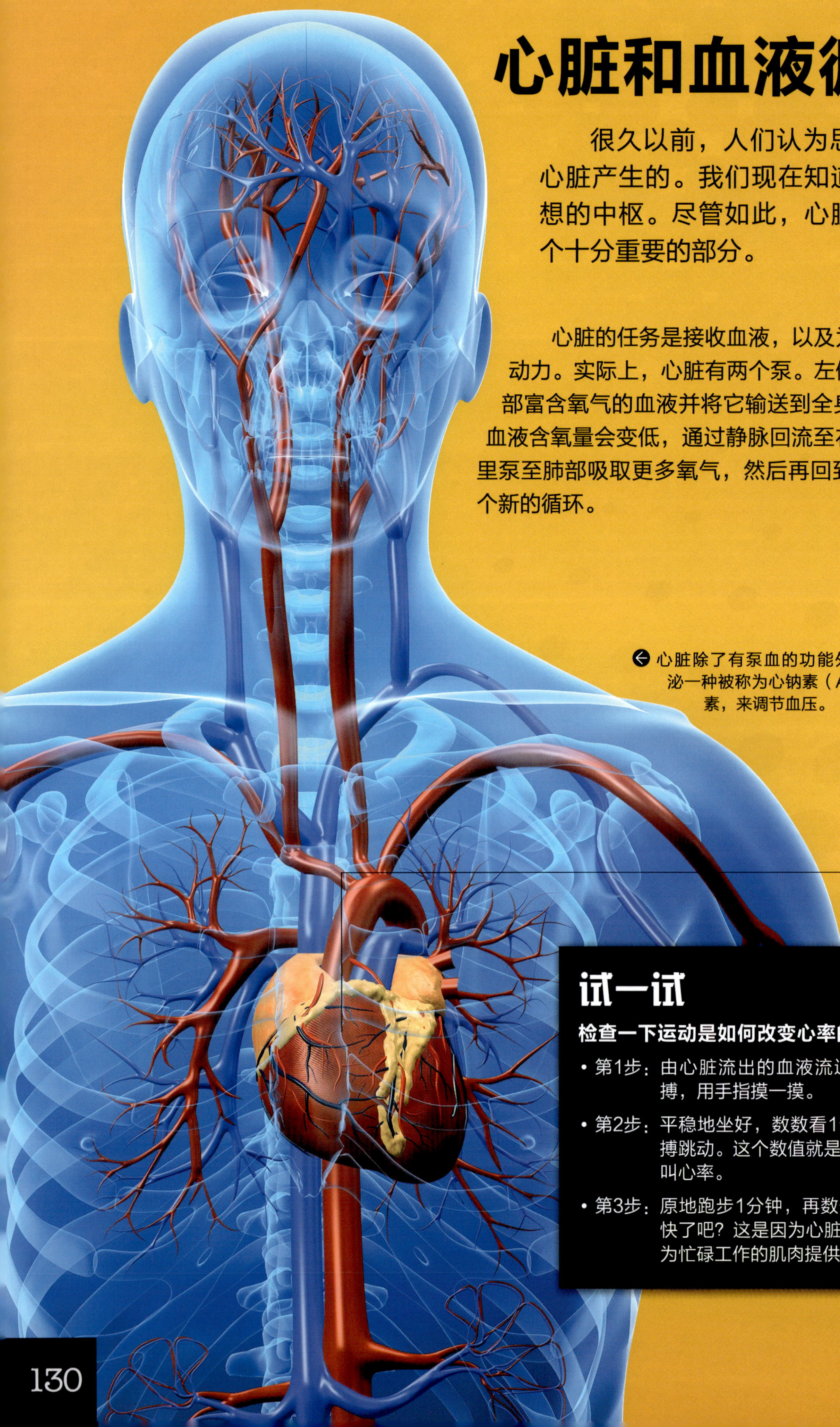

心脏除了有泵血的功能外，还能分泌一种被称为心钠素（ANF）的激素，来调节血压。

试一试

检查一下运动是如何改变心率的。

- 第1步：由心脏流出的血液流过手腕时会形成脉搏，用手指摸一摸。
- 第2步：平稳地坐好，数数看1分钟内有多少次脉搏跳动。这个数值就是你的静息脉搏，或叫心率。
- 第3步：原地跑步1分钟，再数一次脉搏。这次变快了吧？这是因为心脏加快泵血速度，来为忙碌工作的肌肉提供更多氧气和营养。

血液

成年人平均有5升血液。其中大概一半是淡黄色液体，含有营养、盐分和矿物质等，称作血浆。剩下的大部分是能够携带氧气的红细胞。每一滴血里面就有500多万个红细胞，还有大约1万个能够抵抗细菌和疾病的白细胞。

血管

动脉血管由心脏发出后逐级分支并遍布全身，最后形成比头发丝还细的毛细血管。血液中的氧气和营养通过毛细血管进入组织。毛细血管汇流形成较粗的血管、静脉，最终回到心脏。

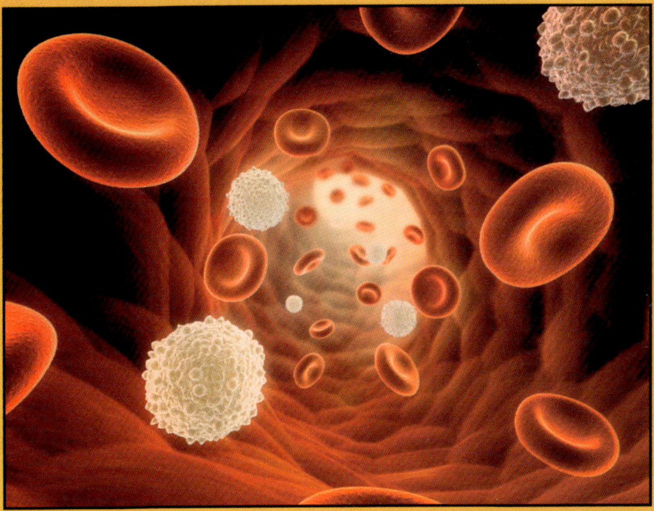

红细胞外形像是面包圈，它的专职工作是携带氧气并将其运送至全身。白细胞穿过血管进入组织捕获或者消灭病菌的时候能够改变形状。

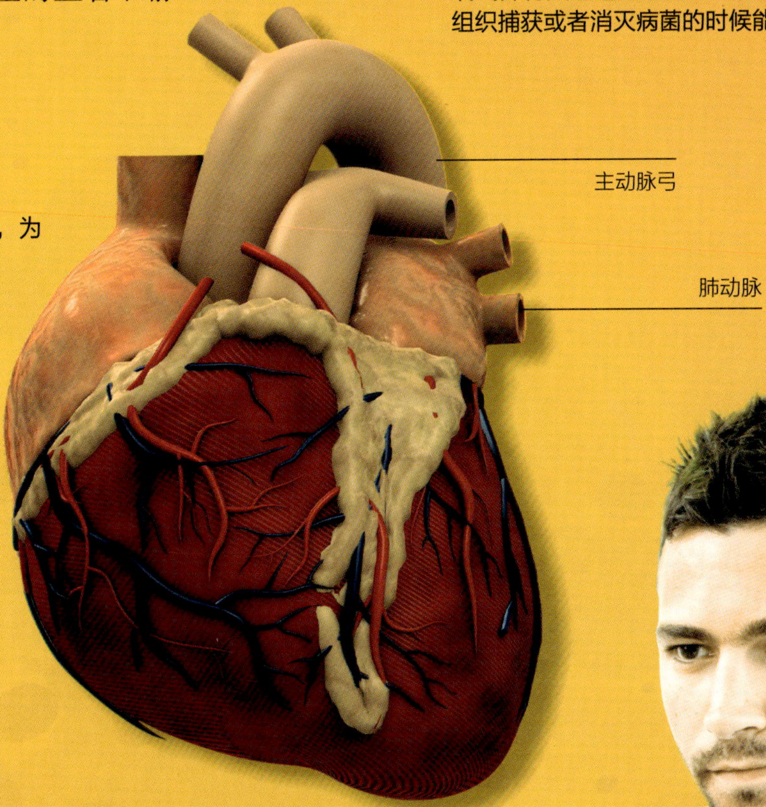

冠状动脉围绕心脏在心脏周围，为心肌提供血液。

心脏波动能够放出微弱的电，可以通过放在胸口的电极板用心电图（ECG）记录并显示出来。

脑和神经系统

颅骨内保护着的脑是我们思考、学习、记忆和表达情感、情绪的器官。脑组织通过一个神经网络与全身相联系。

最下方的部分是像根茎一样的结构，叫脑干。脑干控制着自主运动，如呼吸、心跳和食物的消化等。它的后方是较小的布满皱褶的小脑，它能帮助运动更顺畅、更准确。最大的部分是位于上方的大脑，有许多沟和回（凸起），是我们思考和意识的主要地方。

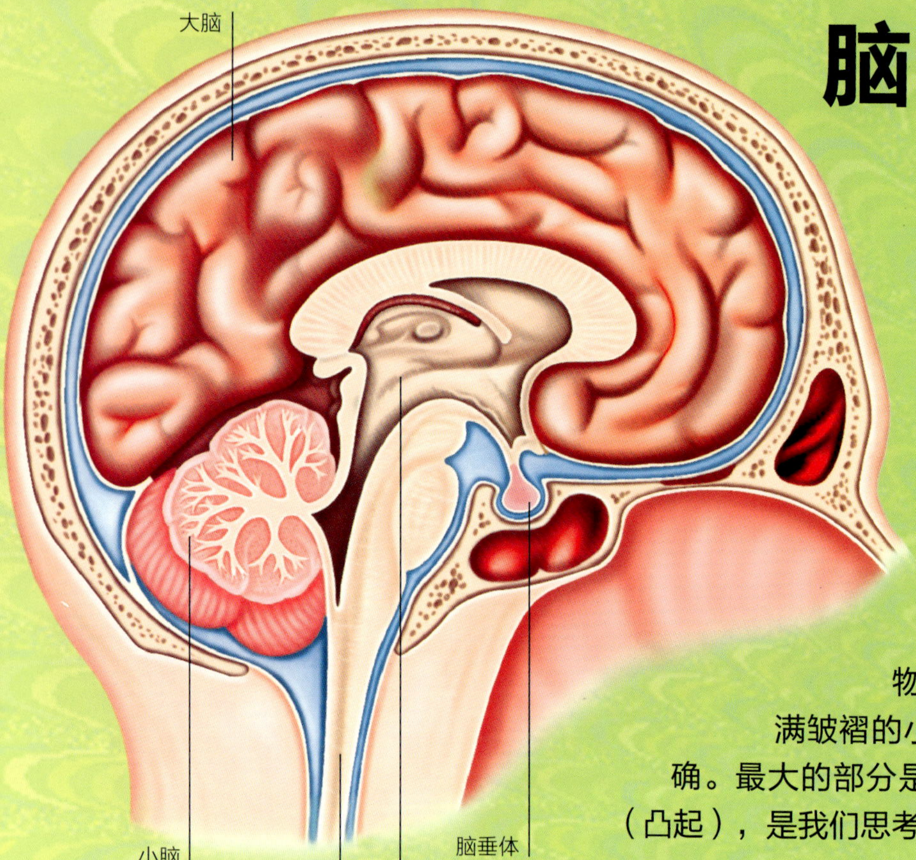

成年人的脑约1.4公斤重，其中五分之四是大脑。脑下方的脑干逐渐变细，并与脊髓连接。

大脑每秒传导着数百万的微弱电信号。通过脑电图仪在皮肤表面就可以检测到这些信号，并以“脑电波”的形式在屏幕上显示出来。

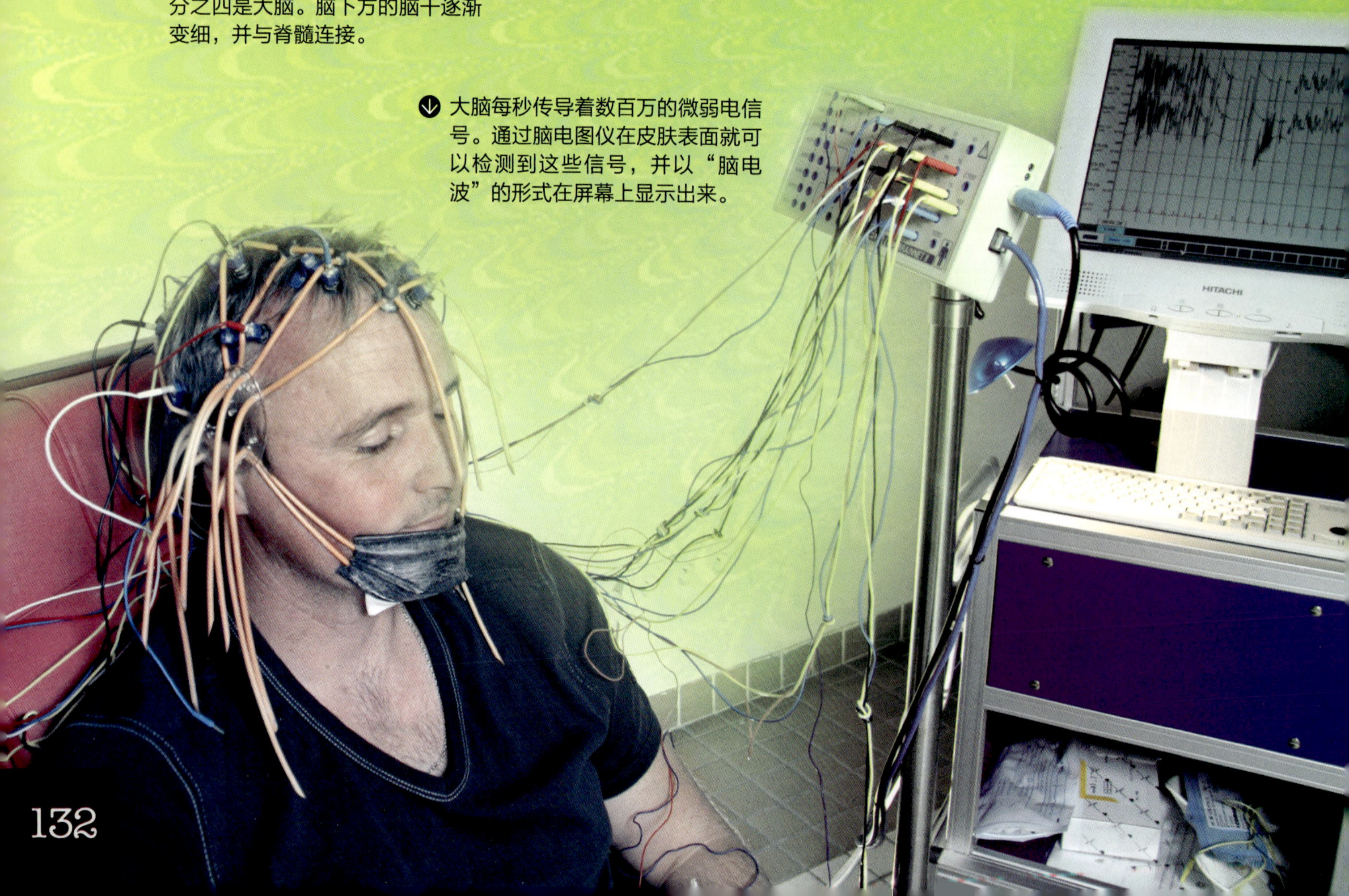

大脑

大脑有两半，称为左右脑半球，在其表面薄薄的灰色层，即大脑皮质，是眼睛、鼻子和其他感觉器官信息汇总的主要部分，帮助我们认识世界。这里也是我们发出指令到肌肉系统的地方。

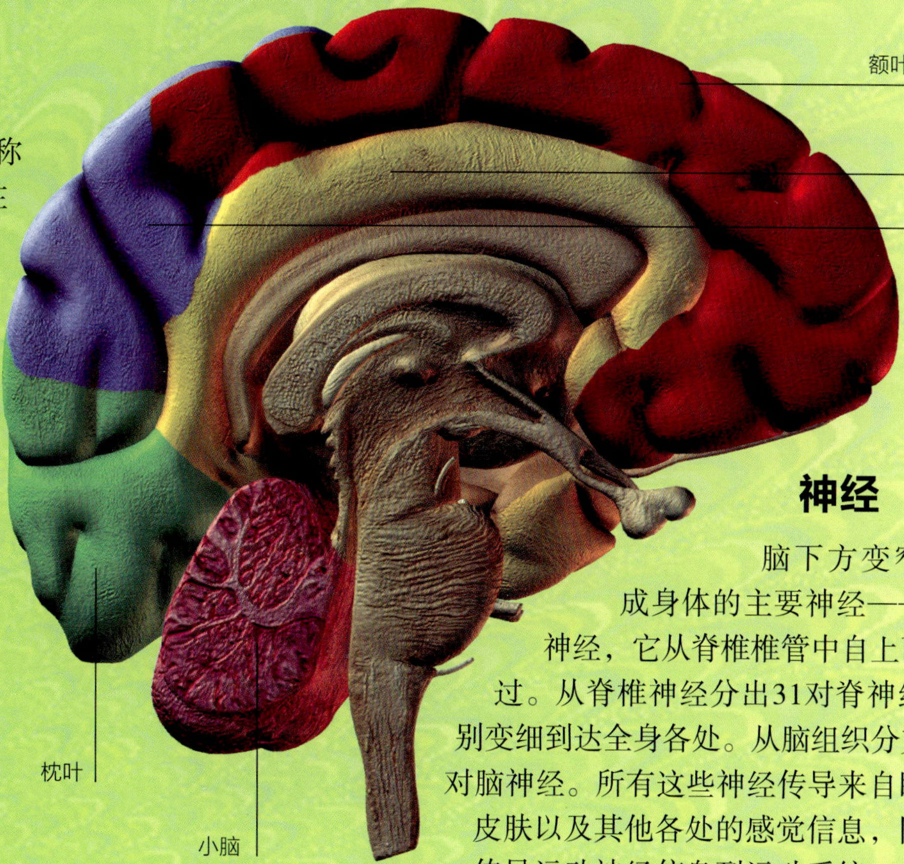

神经

脑下方变窄延续成身体的主要神经——脊椎神经，它从脊椎椎管中自上而下通过。从脊椎神经分出31对脊神经，分别变细到达全身各处。从脑组织分支出12对脑神经。所有这些神经传导来自眼睛、皮肤以及其他各处的感觉信息，同时也传导运动神经信息到运动系统，支配各种运动。

不同部位的脑行使不同的功能。最大的部分——大脑，分成不同的脑回。大脑与高级的脑功能有关联，如推理、演讲和运动。小脑则与协调和平衡有关。

简单常识

- 脑和神经系统是通过微弱的电信号（即神经信号或冲动）发送和接受信息的。
- 每个信号冲动仅有1/10的伏特，持续1/200秒。
- 信息依赖于每秒的信号数量，而不是强度。
- 有些神经传导信号速度为1米/秒，有些则是这个速度的150倍。

对大多数人来讲，右脑更多地参与艺术、雕刻、色彩、音乐和思想。左脑则更多参与解决问题、文字、数字和决策。

更多相关知识 心脏和血液循环130-131 ■ 感觉134-135

感觉

我们有五种感官——视觉、听觉、嗅觉、味觉和触觉。但是，我们身体的感知能力要比这复杂得多。

每一种感官可以感觉到周围事物的一个特性并发出微弱的电神经信号给大脑。皮肤含有上百万个显微镜下才能看见的感受器，可以对触摸、热、冷、运动和疼痛做出反应。在骨骼、肌肉和内脏等部位还有深层痛觉感受器。鼻子里的嗅觉感受器能辨别空气中轻微的气味，而舌头上有约1万个味蕾，能感受食物和饮料的味道。

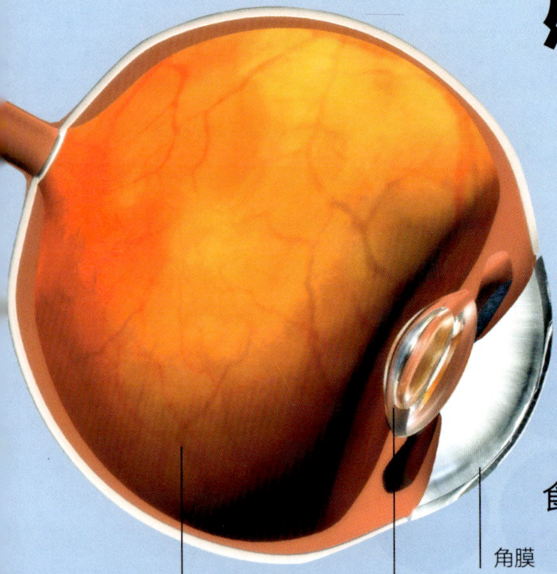

晶状体可以改变形状，调整焦距，使得视网膜上的成像更为清晰锐利。近处的物体成像更大更清晰，而远处的图像就变小了。

眼睛

光线进入眼球需要先通过眼睛前方清澈的半球形的角膜，再穿过深色的环状虹膜肌形成的洞——瞳孔。瞳孔在昏暗的情况下会扩大，让更多光线通过。然后，光线经弯曲的晶状体落在眼球后方纤薄的视网膜上。在这里有大约1.1亿个微感受器——杆细胞和锥细胞，它们能将光转换成神经信号通过视神经传到大脑。

你看到图中的图案收缩了吗？其实这里没有真正收缩，你所看到的是一种错觉。视错觉的出现是因为眼球里不同接收器处理颜色和形状的速度不一样。大脑试图在不同的视像里找到连续性的视觉效果，于是产生了错觉。

嗅觉和味觉让我们在享用食物时能够获得极大的乐趣。同样，不良的气味和味道警示我们，食物可能有毒或已腐烂。

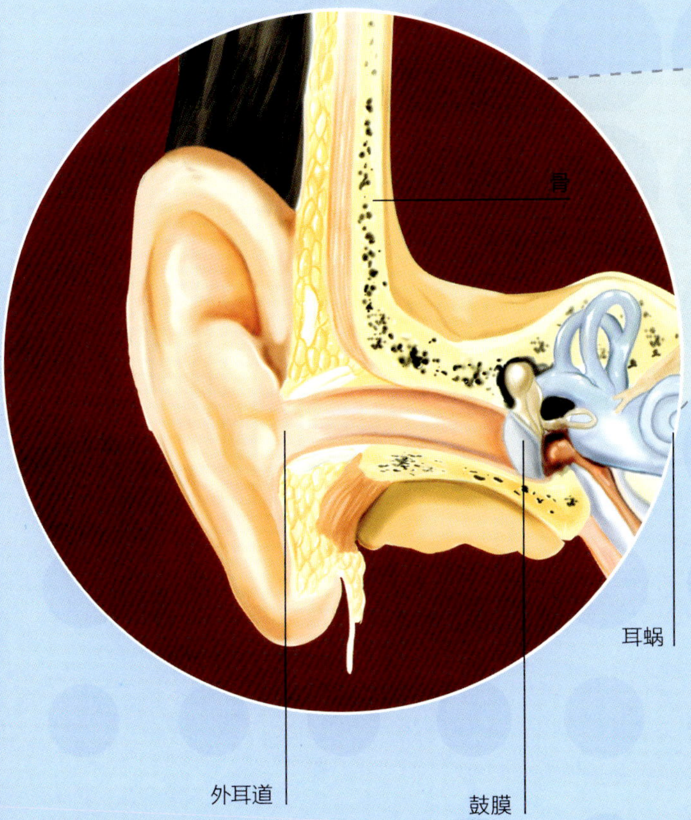

耳朵大部分娇嫩的部位处在深处，受到颅骨保护。耳蜗能将声音引起的振动转变成神经信号。

耳朵

声音沿着漏斗状的耳道一直传到纤薄而有弹性的鼓膜上，使之震动。由锤骨、砧骨、镫骨三块听小骨组成的链条又将这一震动传导至形似蜗牛的耳蜗内，引起纤毛颤动产生神经信号，并沿着听神经传至大脑。

试一试

奇怪的错觉

找一些著名视错觉图（或光幻觉图），有些可以用两种方式看。眼睛只记录下所见的，但脑却分辨不出哪个视像是正确的，所以它会“跳来跳去”。

视力受损的人可以用手指阅读。他们可以“阅读”盲文——一系列代表字母和数字的小凸点。

更多相关知识 ▶ 肺和呼吸128–129 ■ 脑和神经系统132–133

生殖与分娩

人类有两种性别：女性和男性。他们的主要区别在于生殖器官，而生殖器官主要是用来繁衍后代的。

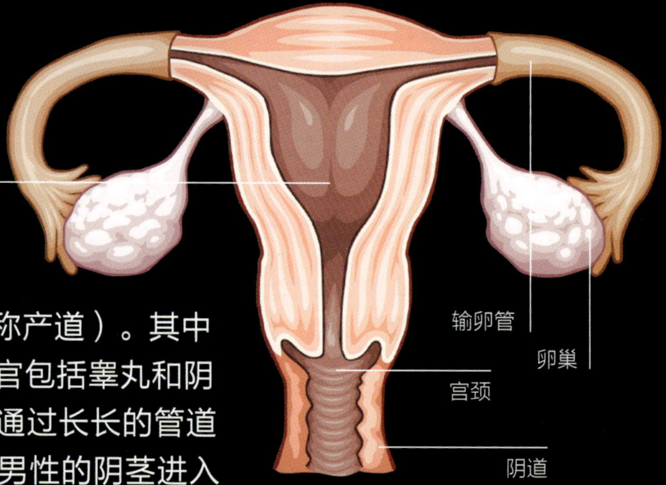

女性生殖系统。

女性生殖器官包括卵巢、子宫和阴道（或称产道）。其中卵巢包含了几千个很小的卵细胞。男性生殖器官包括睾丸和阴茎。睾丸每天可以产生数百万个微小的精子，通过长长的管道运送到阴茎。在性行为过程中，精子细胞通过男性的阴茎进入女性的阴道，游向卵细胞。

子宫

卵子和精子的结合称为受精。从这一刻起，男女双方的遗传物质相互融合，开始孕育一个全新的生命。受精卵不断分裂，由一个细胞变成两个细胞，两个变成四个……形成一个细胞球。随着分裂的继续，细胞球也不断生长变形，一开始像个逗号，后来变得像条小蚯蚓。接着新生命的头和身体形成，像小翅膀一样的手臂、腿也慢慢长长。

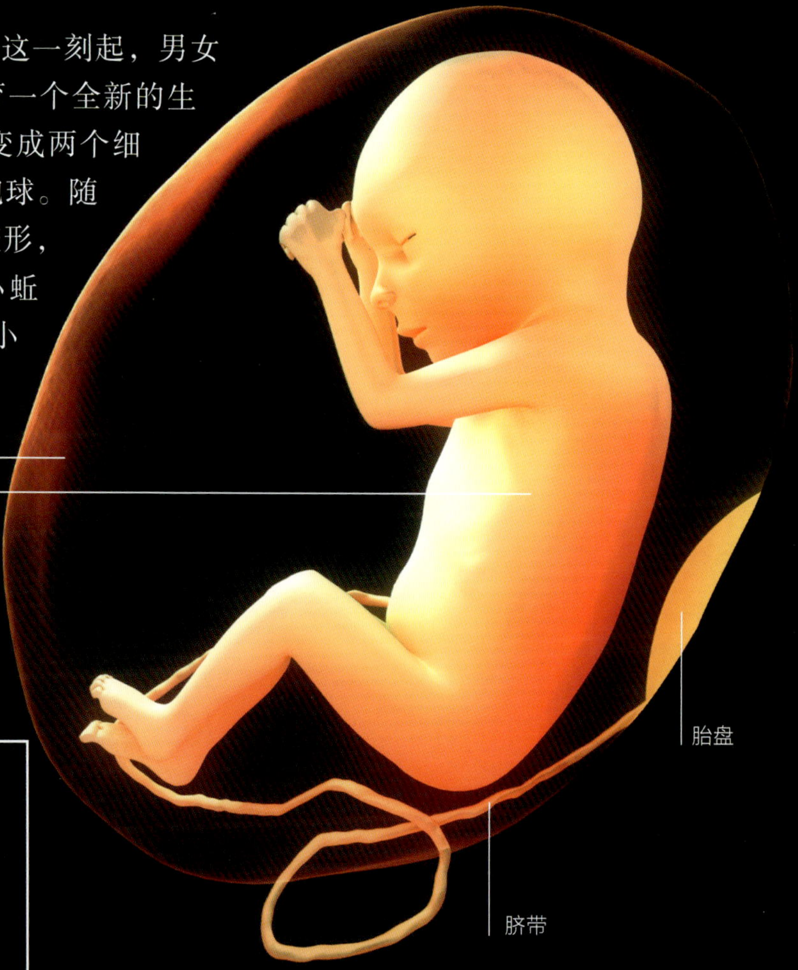

在子宫内前两个月，未出生的宝宝完成了从胚胎到胎儿的变化。营养和氧气通过胎盘从母亲的血液进入到宝宝的血液。

未出生婴儿的超声图像。

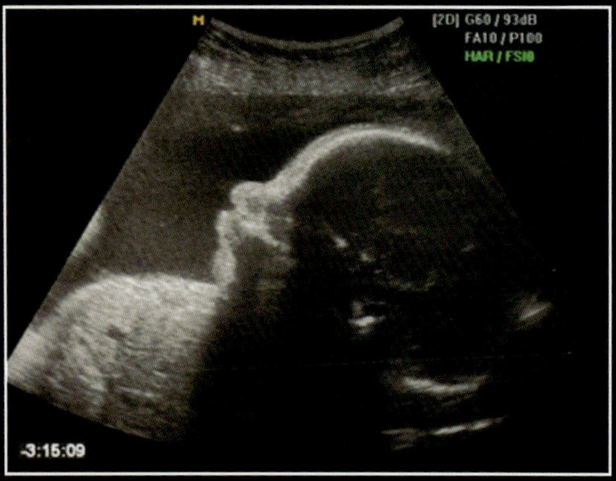

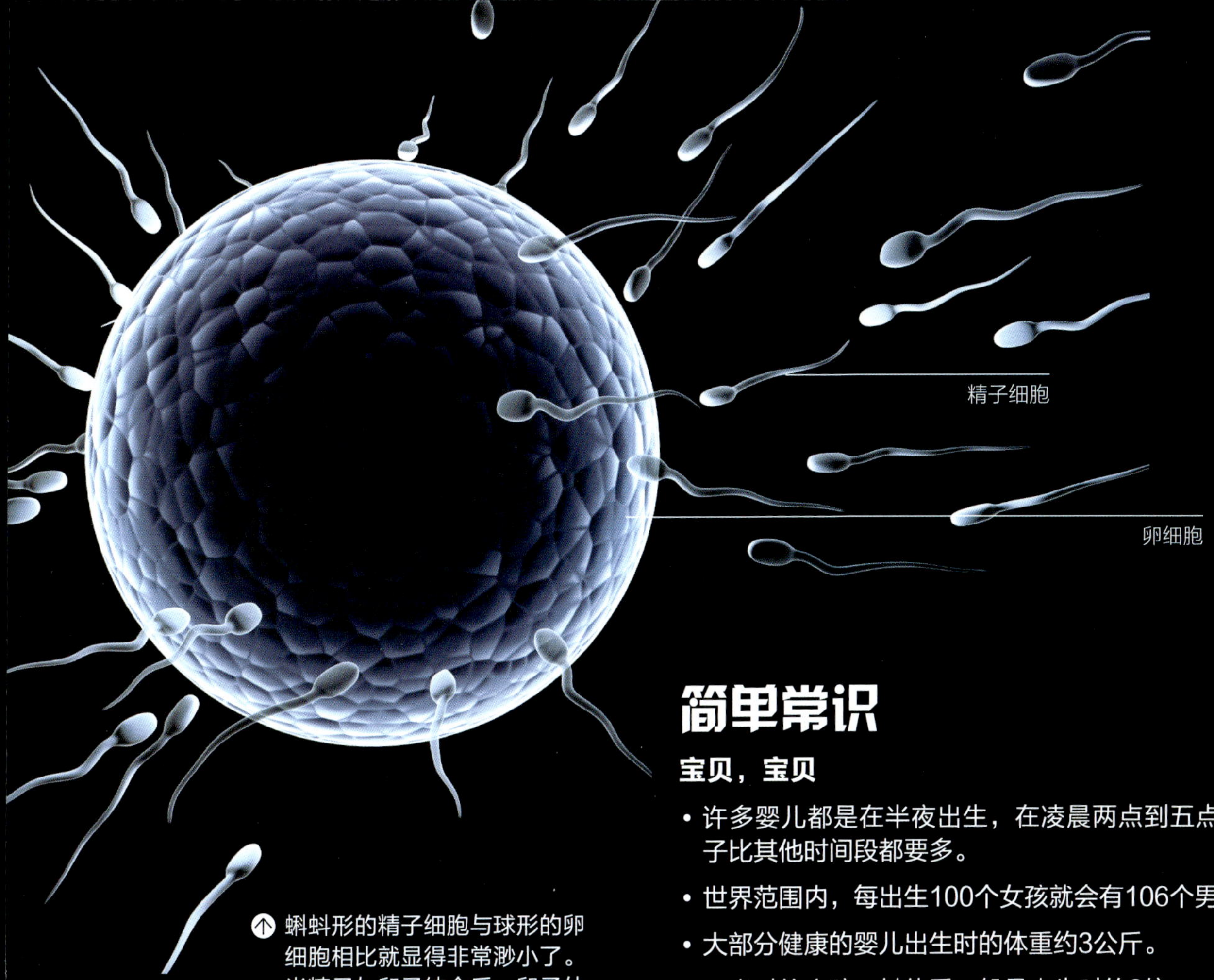

蝌蚪形的精子细胞与球形的卵细胞相比就显得非常渺小了。当精子与卵子结合后，卵子外周会形成一层厚膜，以隔离其他精子细胞。

简单常识

宝贝，宝贝

- 许多婴儿都是在半夜出生，在凌晨两点到五点出生的孩子比其他时间段都要多。
- 世界范围内，每出生100个女孩就会有106个男孩出生。
- 大部分健康的婴儿出生时的体重约3公斤。
- 一岁时的小孩，其体重一般是出生时的3倍。

分娩

受精后的两个月内，婴儿的主要部分形成，但比拇指还小。在随后的几个月里，它变得越来越强壮。到了9个月时，母亲能感觉到子宫壁内强大肌肉的紧张或收缩。这些力量推动婴儿沿着产道出生。宝宝的第一声啼哭标志着呼吸通道开放，然后准备好接受妈妈喂奶了。

分娩对于母亲和婴儿来说都非常辛苦，在给宝宝喂过第一次奶之后，他们常常需要睡眠。

更多相关知识 ▶ 遗传72–73 ■ 脑和神经系统132–133 ■ 感觉134–135

疾病和医疗

虽然人体极其复杂，但大多数人能够常年保持健康。即便偶尔生病，现代医疗技术也能治愈相当一部分。

遗传病是由代代相传的缺陷基因引起的，比如囊性纤维化会对全身造成影响，引起某些功能障碍甚至死亡。先天性疾病，指未出生前在子宫内的发育出现了问题，如腭裂。自身免疫疾病，是因为机体对自身某些部分进行错误地攻击，如 I 型糖尿病。癌症，指部分细胞增殖失控。退行性疾病，则是身体某些部分逐步丧失功能，如帕金森病。

医学

医生有多种治疗手段。药物可以改变人体的化学反应来抵抗疾病。化疗就是用特殊的强力药物对抗癌症。手术包括用锋利的手术刀或类似工具切开、移动、修补、移除身体的一部分。放疗是用强力的放射线（如X射线）移除病变部分。预防或减少疾病最好的方法是多吃新鲜食物和充足的运动。

世界上最大的健康问题是食物和饮用水的缺乏。这些都会降低身体抵抗力，导致疾病的蔓延。

感染

当微小的有害生物——病菌，在身体内繁殖时，我们就会被感染。这些病菌包括只有书中字母o的万分之一这么大的细菌。不同的病菌可引起结核病、破伤风、白喉、伤寒、脑膜炎、食物中毒、胃溃疡和许多其他严重的疾病。病毒比细菌小得多，只有它们的几百分之一，能够引起感冒、流感、麻疹、腮腺炎、狂犬病、黄热病、埃博拉病、疱疹和人类免疫缺陷病（艾滋病）等。

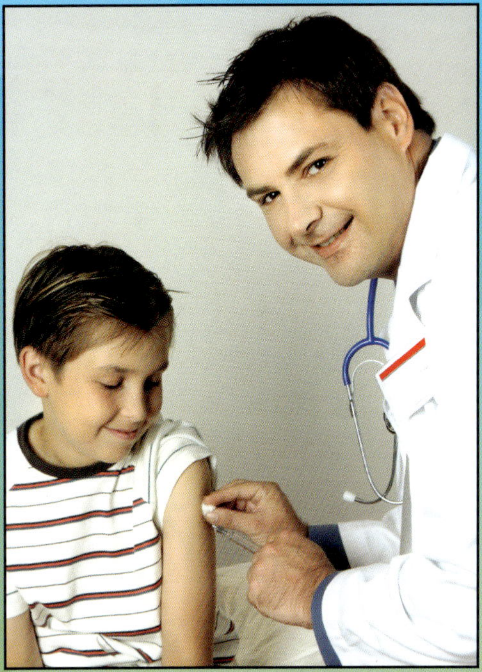

免疫接种（疫苗接种）通常称为"种痘"或"打疫苗"。这种措施能抵御破伤风、脊髓灰质炎、百日咳、麻疹、腮腺炎、风疹和脑膜炎等疾病。

简单常识

免疫接种

- 免疫接种就是让无害的病菌或物质进入身体。
- 现在，机体具备了抵抗力或免疫力。当真正的细菌或有害物质再次出现，要引起损伤时，机体就已经准备好了。
- 与其他医疗手段相比，免疫接种以及可以杀死细菌的抗生素，挽救了更多的生命。

当事故发生或突然生病（如心脏病发作）时，第一分钟是至关重要的。而重中之重是呼叫急救服务，这样可以及时让医务人员采取治疗拯救生命。

更多相关知识 食物和消化126-127 ■ 肺和呼吸128-129

古建筑

古代的人们是优秀的建筑师、工程师和建造师，仅仅使用一些最简单的工具，古埃及、古罗马、古希腊的人们就建造了诸多的金字塔、寺庙和剧场，这些宏伟的建筑到今天依然屹立不倒。

胡夫金字塔

胡夫金字塔是埃及建筑的奇迹，同时也是古代世界留给我们的最后一个奇迹。胡夫金字塔为胡夫法老的陵墓，建于公元前2550年左右，保持了近4000年的世界最高建筑记录。20000人花了将近20年才建成了这座金字塔，共使用了230万块石灰石块，每块石块的重量大约在2.5吨至15吨之间。为了运输这些石块，聪明的古埃及人用到了绳索、滚轮和木质杠杆。和内部用料不同，金字塔的外壳采用的是经过抛光处理的白色石灰石块。

乔鲁拉大金字塔是阿兹台克人的寺庙，坐落在墨西哥的普埃布拉州，建造于公元3世纪至9世纪之间，是世界上体积最大的金字塔，是埃及胡夫金字塔的两倍左右。在乔鲁拉大金字塔内部，有一条绵延8公里的隧道。

佩特拉是约旦的一座古老的城市，雕刻于红色沙漠的悬崖绝壁上。佩特拉古城在大约公元前1550年开始建造，之后不同的统治者增加了若干新的工程，比如公元106年的罗马人，他们修建了向城内输送水的专用隧道，另外还包括一些寺庙和一座剧院。

有趣的事实

在雅典巴特农神庙，曾经放置了一座高达12米的女神雅典娜雕像，据称该雕像完全是由象牙和黄金雕刻而成。

↑ 罗马斗兽场约于公元80年建成，是一个用石块、砖块以及混凝土建造而成的大剧场，它是第一个采用了小石块与水泥制成的混凝土的建筑。罗马的水泥是由石灰、水、沙子以及火山灰混合而成，这种水泥十分强大，以至于它可以在水下使用。

↓ 菲拉是希腊圣托里尼的首府，这座小镇坐落在悬崖顶部，以其建筑之美而闻名天下。这里的房子和大部分建筑都是蓝白相间，同时还有很多大型的日光浴走廊。

古罗马人

古罗马人是精妙的工程师，他们发明了很多建筑技术，罗马拱桥正是他们最伟大的发明之一。拱桥能够均匀地分配重量，所以能够承受数倍于以往的重量，因此，罗马人建造了许多长的大桥、渡槽和水渠，其中有很多到今天仍然在使用中。古罗马人另一个伟大的发明是地暖，他们曾经采用地暖来为公共浴室供暖。

古希腊人

古希腊人发明了许多数学理论，并将其运用在了建筑的建造当中。古希腊的几何规则帮助他们建造了很多寺庙，每一座寺庙供奉着一个特定的神。寺庙被认为是神在地球的家，是由大量的大理石、石灰石柱以及长三角形屋顶建造而成。古希腊人并没有发明拱形圆顶，所以他们需要使用石灰石柱来托起建筑物的屋顶。

更多相关知识 ▸ 建筑材料和技术142-143 ■ 工程机械192-193

建筑材料和技术

纵观历史，不同时代的人们使用属于他们那个时代的材料和工具来建造建筑。几千年前，人们完全使用泥砖来建造住宅、寺庙和宫殿，但是现在，几百米高的摩天大楼是由钢筋、混凝土和玻璃建造完成。

没有采矿工具以及加热设备，古代的人们无法提炼铝、钢等现代材料来使用，他们只能依赖于简单的建筑材料。早期的人类使用树枝、骨头和兽皮来建造他们的住宅，最早的农民使用石材、木材、粘土、泥、砂以及植物来建造住宅，而今天，泥砖和木材仍然在许多国家被用来作为建筑材料。在发达国家，建筑往往是基于木材制成的庞大而复杂的基础结构来建造的。

蒙古包是中亚的游牧民族作为住宅的帐篷状结构建筑，蒙古包使用木架建成，使其收起和打开都十分方便。

同其他建筑相比，绿色建筑仅需要较少的能源就可使用，同时制造更少的废弃物，更利于环境的保护。绿色建筑通常是由天然建筑材料建造而成，使用太阳能来发电，使用雨水花园来取水。

建造

现代建筑是由团队来建造完成，团队成员各有所长，包括测量师、建筑师、项目经理和建筑工人。有两种广泛的建筑形式。其中一种是建立支撑屋顶的承重墙。另一种是，一个框架构建托起的地板和屋顶。木材框架结构往往用于新家园建设，而钢框架则用于最现代化的摩天大楼。所有的建筑都有厚厚的混凝土。

有趣的事实

世界上体积最大的建筑位于美国华盛顿州的波音公司的工厂，它占地面积约399480平方米，大约相当于55个足球场的大小。

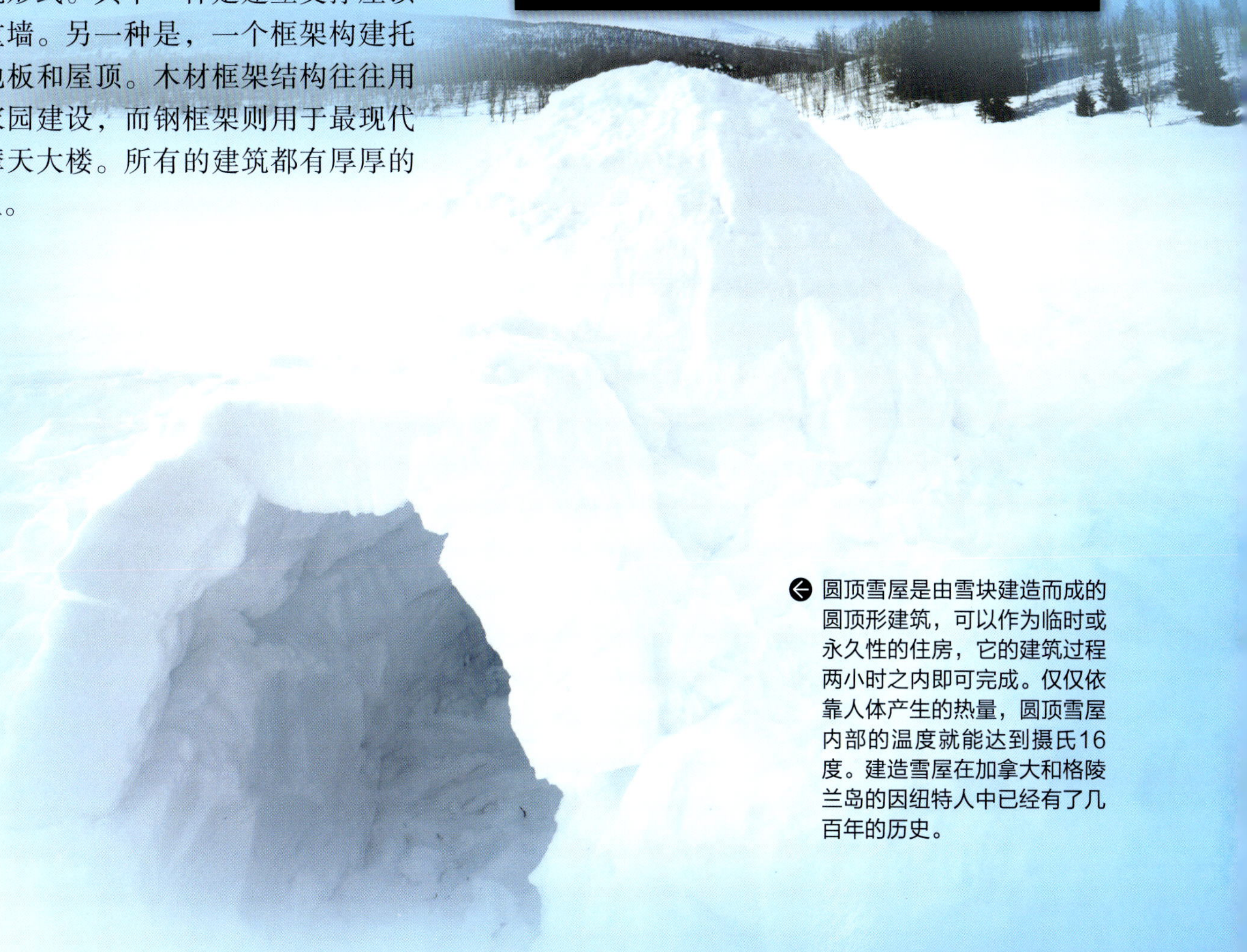

圆顶雪屋是由雪块建造而成的圆顶形建筑，可以作为临时或永久性的住房，它的建筑过程两小时之内即可完成。仅仅依靠人体产生的热量，圆顶雪屋内部的温度就能达到摄氏16度。建造雪屋在加拿大和格陵兰岛的因纽特人中已经有了几百年的历史。

供水与供电

古罗马人建造了引水渠来将清洁用水引入城市，同时也将污水运出城市，但是直到19世纪，采用冲水式厕所的现代供水系统才首次出现。如今，大多数家庭都通过管道来连接当地的供水以及排污系统，还有一些其他管道用于天然气供暖，另外还通过电线连接到国家电网来供电。

在气候炎热的国家，使用泥砖来建设房屋已经有了几千年的历史。在古埃及，人们使用秸秆以及采自尼罗河的泥来制造砖块，然后再用这些砖块去建造住宅和宫殿。

更多相关知识 ▸ 电26-27 ■ 采矿150-151 ■ 工程机械192-193

道路、桥梁和隧道

道路是人们用来穿越土地的方便、快捷的通路，隧道和桥梁则使道路能够克服各种障碍，比如山丘和河流。一些国家已经有了跨越数百万公里的道路网络。

古罗马是第一个建造道路网络的文明，他们用道路网络来将其庞大帝国的各个部分联系在一起。今天，建设道路的第一步是勘测地形以及绘制路线，然后使用挖掘机、推土机等机器来挖取土方，从而准备建造道路的地基。桥梁、隧道和堤坝是在地基建成前来建造的，然后，铺上若干层砾石、碎石和沙子，之后再用水泥铺平，最后再铺上一层沥青就完成了整个铺路工作。

中国和印度都有几百万公里长的道路网络，但是美国的道路总里程是最长的，总共6430366 公里。

连接罗马帝国的道路网络横跨了超过25万英里的区域。罗马的士兵们在其基础上扩建了新的道路来将他们的触角延伸至新占领的土地上。平坦笔直的道路意味着军队能够迅速地从一个地方转移到另一个地方，从而对其形成控制。

桥

桥的主要工作就是承担其负载的重量，现在主要有五种主要的桥类型，包括梁桥、拱桥、悬臂桥、斜拉桥以及桁架桥。普通梁桥使用原木或者平坦的石块来跨越溪流和河流，更为复杂的桥，比如弓形桥和斜拉桥，它们可以更为均匀地分布重量。悬索桥使用粗壮的钢索悬挂在高塔上来吊起桥面。

中国的青岛海湾大桥是世界上最长的桥之一，全长42.6公里。

特拉华渡槽绵延137公里，是世界上最长的隧道。在今天，这条输水管道承载着纽约市一半的供水工作。

隧道

隧道通常被作为穿越地下或者障碍物的通道，它使道路能够得到延续，有的隧道也被用来作为引水渠使用。隧道有时可以很短而且很浅，比如道路下的地下通道。隧道有时也会处于地下很深的地方，比如连接法国和英国的英吉利海峡隧道。要建造大型的隧道，首先需要巨大的隧道掘进机来挖通隧道，然后再使用钢筋混凝土来加固和支撑隧道。

有趣的事实

由于设计缺陷、施工质量差、自然灾害和超载，很多桥已经倒塌了。英国的雅默斯大桥在1845年倒塌，原因是大量的人通过它去观看一个小丑坐在水桶中漂流，负重的剧增造成了悬索的断裂。

更多相关知识 ▸ 古建筑140–141 ■ 金属152–153 ■ 汽车和摩托车188–189

发电站和水坝

住宅、城镇和城市都是依靠电力来运转，我们使用的电力大部分来自于发电站，通过燃油、燃气或者核能转化而来。除此之外，水坝、风力涡轮机以及太阳都能为我们提供电力。

地热通过使用地球内部产生的热量来给家庭输送热水，给工厂输送蒸汽，这是通过抽取地下的蒸汽或热水到地表来实现的。地热是一种清洁、可再生的能源，目前全球范围内有24个国家在使用地热能源。

发电站使用巨大的涡轮机来发电。涡轮机的转子可以通过旋转来发电，转子通常是由蒸汽驱动，而蒸汽则是水通过锅炉的加热而生成，热量则是由核反应或者燃气、燃油、煤炭的燃烧而产生，最后，涡轮的机械能通过发电机转化为电能。发电机生产的电力通过电线传输到变电站，最后再传输到家庭。

水坝

水坝使用水力来发电，具体来说是通过水位的降低来发电。如今的水坝是由巨大的混凝土块堆砌而成，能够储藏大量的水。大坝通过上面的闸门来缓慢释放水流至下游的河流，此时水流可以驱动涡轮转动，之后再通过发电机来发电。目前水力发电约占世界总发电量的20%。

有趣的事实

法国是世界上核电使用最多的国家，核电约占其总用电量的80%。然而，美国却是生产核电最多的国家，其使用的核电约占其总用电量的19%。

可再生能源

由于用来发电的煤炭以及石油资源日益短缺，我们的世界很快就将面临能源危机，同时，燃烧煤炭和石油还会将有害气体排放到大气当中。可再生资源是一种可替代的能源，它使用水能、风能、太阳能，借助水坝、风力发电机和太阳能发电机来产生电力。尽管很多国家的政府都在转向使用可再生能源来供应能源，但是它目前仅占世界电力的20%左右。

风力发电机

太阳能发电是通过太阳能电池板来捕获来自太阳的能量，产生的能量可以用来加热水或者发电。太阳能发电不会危害周边环境，但是只有在阳光充足的国家才能利用太阳能来生产较多的电量。

风电场使用风动力驱动涡轮机来发电，虽然风力发电是一种清洁、可再生的能源，但是许多涡轮仅能够产生少量的电量。

核电站不会释放有害气体到大气当中，但是却会产生放射性的废弃物，这些废弃物需要花费几千年才能变成无害物。核电站事故同样会对其周边的居民造成死亡以及长期的健康问题。

更多相关知识 电26-27 ■ 运动和力36-37 ■ 河流和湖泊54-55

塔

塔是一种高而狭长的建筑，拥有悠久的历史。人们建造塔主要是为了能够眺望远方，塔可以作为独立建筑，也可以作为其他建筑的一部分。

早期的塔通常使用石头建造，并用做军事或者宗教的用途。建在城垛上的塔可以使人们看清四周的地形，并对敌人的活动进行监视。教堂和大教堂的尖塔可以俯视周围其他的建筑物，并提醒人们它们的重要性。到了19世纪，石塔逐渐被更高的铁塔所取代，而到了20世纪，钢架的出现使人们建造了一栋又一栋的摩天大楼。

军事塔

望塔是用来观察敌情以及阻击接近的军队的防御工事。古希腊人和古罗马人在城垛上修建塔，并且也将其作为中世纪城堡的标准配置。城堡内部会有一个作为最后据点的防御塔，这个塔通常会包含一个城堡天井。人们在墙壁的塔上发射飞弹，并且向敌人身上浇油。

位于迪拜的高达828米的迪拜塔是有史以来最高的人造建筑，它于2010年建成，内部包括酒店、900个私人公寓、办公室、游泳池、57部电梯以及2909个楼梯，能够同时容纳约35000人。

位于德国的乌尔姆大教堂是世界上最高的教堂，这座教堂的地基是在1377年建造，而完成整座教堂前后共花了超过500年的时间。

摩天大楼

在19世纪后期，出现了以铁架来建成的高层建筑，比如法国的埃菲尔铁塔。在随后的20世纪，出现了可以被称作为摩天大楼的高层建筑。摩天大楼的骨架被称为其上层建筑，由很多纵向的钢筋和水平的钢梁连接而成，之后会在其上附加玻璃幕墙以及混凝土。如今的摩天大楼通常超过50层，并且同时包含办公室与住宅。

台北的101大楼位于中国台湾台北市信义区，是一座具有里程碑意义的摩天大楼。它拥有61部电梯，101个地上楼层以及5个地下楼层。它509.2米的高度使它成为世界上第二高的建筑，仅次于迪拜的迪拜塔。

位于纽约的帝国大厦建于1931年，并将世界最高建筑的记录一直保持到了1972年，它高度约443.2米，总耗资约24718000美元。

有趣的事实

为了解决陆地上人口过密的问题，人们提出了一种叫做海上摩天大楼的新型建筑的设计理念。海上摩天大楼或者水上摩天大楼是一个巨型的建筑，可以作为一个漂浮的城市，电力以及食物都可以自给自足。

更多相关知识 ▶ 建筑材料和技术142-143 ■ 工程机械192-193

采矿

采矿是指从地球上挖掘宝贵的岩石和矿物的过程，已经有了几千年的历史，有些矿藏只有几米深，而有些矿藏却在数千米深的地下。

宾汉姆峡谷铜矿是一个露天铜矿，位于美国犹他州。自1906年开始开采，至今已经形成一个约4公里宽、1.2公里深的一个大坑，这也被认为是世界上最大的人为挖掘矿坑。

采矿主要有三种方法：露天开采、浅矿床开采以及竖井开采。露天矿位于地表附近，使用巨型的挖掘机将矿产挖掘出来，比如地表的铁矿石。浅矿床开采是在山体上挖建一条横向的隧道，来挖掘石英、锌等矿产。竖井开采则会深入地下，然后使用电梯直达底部的隧道来将矿产与矿工运输出来。

对环境的影响

现在人们已经变得依赖于各种的矿产，比如使用煤炭作为燃料，使用金属来作为建筑材料，但是采矿对环境会造成严重的破坏，同时危害周边的野生动物以及植被。废弃的矿场往往是被乱石覆盖，会严重破坏周围的风景，并且其土地也十分贫瘠，没有什么植物可以在其上生长。

在大多数国家，人们使用煤炭来生产电力和热能，但地球的资源不会永远持续下去，而且燃烧煤炭释放的气体会对地球的大气层造成严重的破坏。因此，人们一直都在寻找新的和更清洁的替代能源。

采矿是世界上最危险的工作之一。矿工工作在狭窄的地下，那里充斥着爆炸以及隧道坍塌的危险，同时隧道里的通风极差，这也使矿工们暴露在灰尘、高温以及有害气体的危害之下。

历史

人类自古就有采矿的历史，在非洲的斯威士兰，人们发现了一个有着43000年历史的矿场。人类最先开采的矿产是石头、燧石以及金属，用来生产武器以及珠宝，比如古埃及人开采黄金，古希腊人开采白银。在中世纪，人们开采铜、银、铁来制造钱币以及武器装备。从19世纪80年代开始，在英国和美国，人们开始开采煤炭来为工厂里的机器提供能源。

有趣的事实

人类开采几十种不同的矿产，并作为不同的用途使用。最常见的矿产有：

- 煤
- 铜
- 金
- 锌
- 镍
- 银
- 铝
- 铁
- 粘土
- 钛
- 云母
- 磷

位于南非的科帕纳金矿由AngloGold Ashanti公司开采，是世界上最大的金矿。

更多相关知识 ▸ 岩石和矿石50–51 ■ 疾病和医疗138–139 ■ 医疗技术208–209

金属

金属是一种人们在土地中发掘的闪亮的物质，金属一般为固体，可以被用来制作很多物品，从饮料罐到摩天大楼。金属是一种无与伦比的材料，因为它强韧而坚硬，但是金属仍然可以通过切割、铸造、锻打而被加工成各种不同的形状。

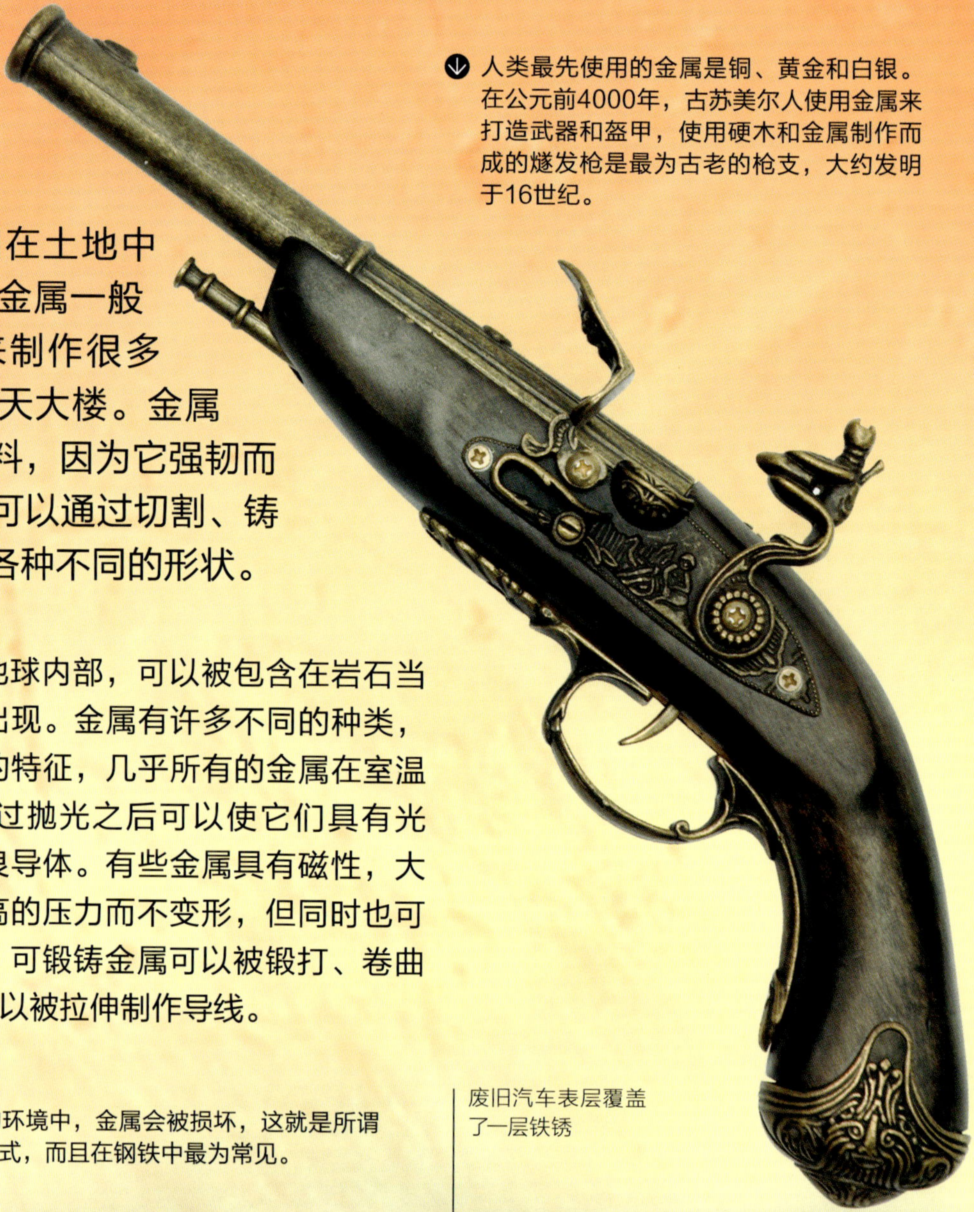

人类最先使用的金属是铜、黄金和白银。在公元前4000年，古苏美尔人使用金属来打造武器和盔甲，使用硬木和金属制作而成的燧发枪是最为古老的枪支，大约发明于16世纪。

所有金属都是来自地球内部，可以被包含在岩石当中，也可以以纯净状态出现。金属有许多不同的种类，但是它们却有很多相同的特征，几乎所有的金属在室温下都是以固体存在，经过抛光之后可以使它们具有光泽，而且都是热和电的良导体。有些金属具有磁性，大多数金属都可以承受较高的压力而不变形，但同时也可以被加工成不同的形状。可锻铸金属可以被锻打、卷曲成特定形状，塑性金属可以被拉伸制作导线。

如果长时间暴露在空气和水的环境中，金属会被损坏，这就是所谓的腐蚀。生锈是最为常见的形式，而且在钢铁中最为常见。

废旧汽车表层覆盖了一层铁锈

从矿石中提炼金属

铂、铜、银和金是在其纯净的状态下被开采的金属，而大多数其他金属都必须从被称为矿石的岩石中提取。通常情况下，矿石需要被粉碎成粉末来提取纯金属。铁和锡等金属需要在高炉中被加热至高温来进行冶炼提纯，铝等金属则需要通过电流来进行电解提纯。

贵金属是那些在纯净状态下被开采的金属，如铜、银、黄金和白金。贵金属通常被用来制作珠宝首饰，因为它们不容易被腐蚀。

塑造金属

不论是在高温、低温还是熔化状态下，金属都可以被塑形。热金属可以被锻打成特定形状或者滚压成金属板，铜等金属在低温下会被软化来塑形。熔融金属是金属加热到高温后熔化所得，然后熔化的金属会被倒入具有特定形状的模具当中，这就是所谓的铸造。

地球是由称作元素的不同的物质组成，其中3/4的元素为金属，地球的核心是由镍和铁金属组成。

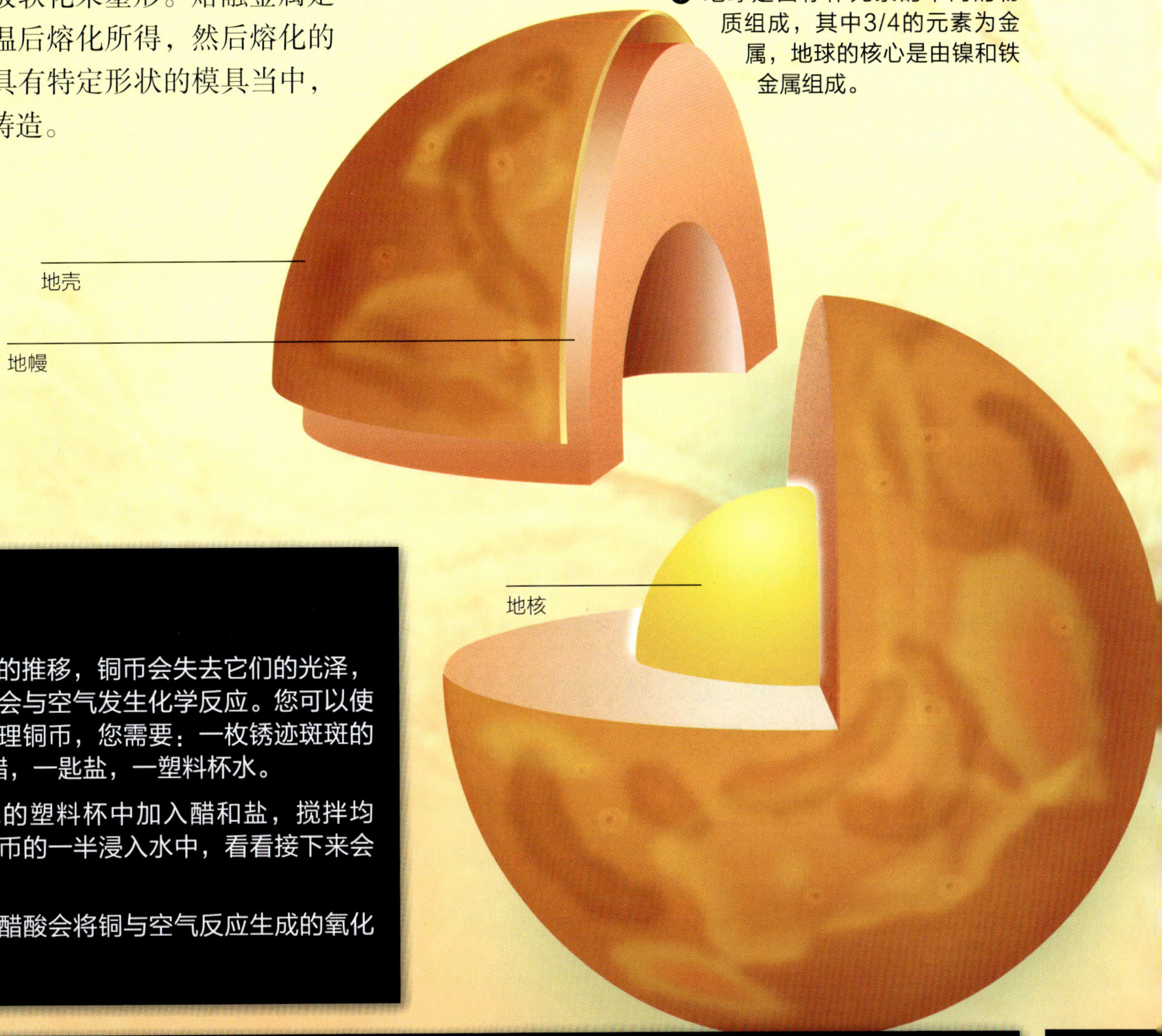

试一试

随着时间的推移，铜币会失去它们的光泽，这是因为金属会与空气发生化学反应。您可以使用本实验来清理铜币，您需要：一枚锈迹斑斑的铜币，1/4杯醋，一匙盐，一塑料杯水。

向盛有水的塑料杯中加入醋和盐，搅拌均匀，然后将铜币的一半浸入水中，看看接下来会发生什么。

在醋里的醋酸会将铜与空气反应生成的氧化铜溶解。

更多相关知识 ▸ 地球的构造46-47 ■ 电26-27 ■ 岩石和矿石50-51

钢铁

铁是一种强韧而坚硬的金属，它能被加工成一种更强的金属——钢。钢铁能够被用来建造许多坚固的物品，比如刀具、汽车以及桥。

铁来自于铁矿石，是从地下开采而来。铁是通过高炉的高温从铁矿石提炼得到的，在炉中，铁矿石会与石灰石和焦炭混合，并通过热空气喷射而出，这个过程被称为冶炼。钢是由热空气喷射出的铁水制作而成，之后氧气会向其中添加碳元素，从而使得它变成更为强韧的金属。

高炉

合金

合金通常是由不同金属混合而成，或者金属与其他物质混合而成，合金要比它的各个组成部分要更为强韧，合金的另一个特性就是耐腐蚀。合金有许多种，钢可以用来建造摩天大楼、船舶和机器，青铜是铜和锡的合金，通常用来铸造雕像和硬币。

试一试

钢和铁都是可以被磁铁吸引的金属，您可以在家里使用磁铁来测试物品是否含有钢铁的成分。您首先可以试一下勺子或者回形针。最好不要将磁铁靠近电子设备，如电脑和电视，这样可能会对其造成损害。

钢铁制品可以很方便地回炉和再利用，废旧汽车和机械设备上的金属通常会被回收利用，每年，数以亿计的饮料罐会被回收并再次用于饮料罐的制造。

有趣的事实

每天，数以百万计的钢罐会被巨大的磁铁从垃圾中分离而出。

历史

大约公元前2000年，铁首先出现在了安娜托利亚，到公元前1000年，铁的生产技术已经传播到了世界上许多国家，在公元前200年，中国研制出了第一种钢。铁通常被用于制造武器和装甲，直到15世纪，人们开始使用高炉炼制铸铁，而到19世纪，作为工业革命的一部分，英国生产了数百万吨的钢和铁。今天，世界上每年会生产超过800万吨的钢材。

铁金属是在高炉中由铁矿石熔化而成，并且加入了石灰石等活性剂，这样生产出的铁叫做生铁，还需要进一步的加工。

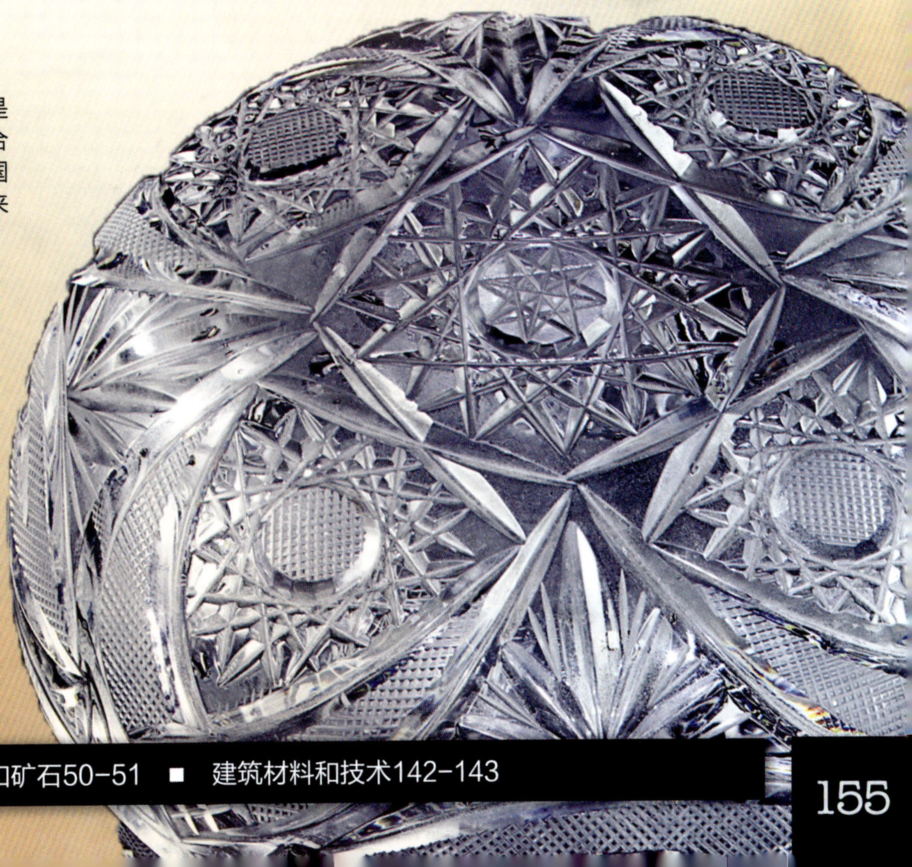

钢渣是炼钢产生的废料，它是一种氧化物和二氧化硅的混合物。在几千年前的地中海国家，钢渣会被重新回炉熔化来制造珠宝首饰。

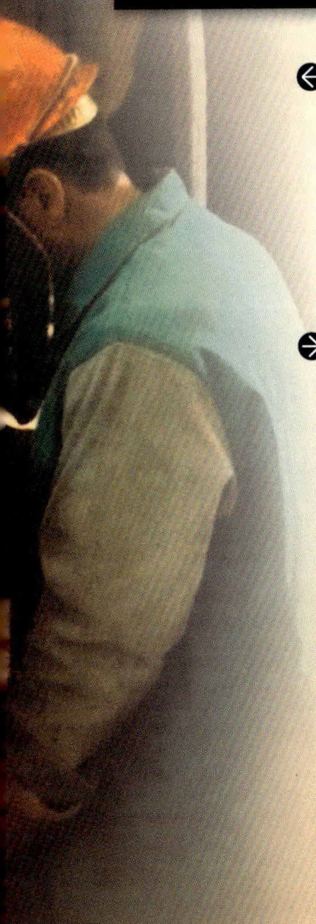

铁水被倒进浇桶中

更多相关知识 ▸ 磁铁28-29 ■ 岩石和矿石50-51 ■ 建筑材料和技术142-143

纺织品

纺织品是我们日常生活中的一个重要组成部分，从我们身上穿的衣服、窗户上挂的窗帘，到我们脚下的地毯，这些都是纺织品。如果没有纺织品，我们就不会有书包、鞋带或者内裤。

织布机是编制纤维的机器，它有许多不同类型，比如手工织布机、大型工业织布机。工业用织布机能够在一星期内生产数吨的面料。

纺织品是由天然纤维和合成纤维制成的织物。天然纤维，如棉、麻、羊毛和丝绸，来自于植物和动物。腈纶、尼龙和聚酯都是合成纤维，是由石油和煤炭加工而成。纺织纤维可以纺成纱线，比如卷成球的羊毛线。通过编织、编结、编网、针织，纱线可以被加工成面料。有时，面料本身就是成品，可以有多种用途，比如防水和防火。

现在，面料是为特殊的用途而设计的，如：足球运动服需要透气、有弹性而且有韧性，安全带则需要采用具有坚固、耐用、防爆特性的面料。

纺织厂

在18世纪，人们发明了大型的机器，这也就是工业革命。首先出现的机器中就包括用来纺纱和纺织面料的纺织机，机器可以使加工面料变得更为快捷，但是却也是非常危险的，因为纺织机是由大型的皮带驱动的，有时皮带会挂住或打到工人，就会造成人身伤害甚至死亡。

纺纱是将羊毛或棉纤维纺成纱，纺纱最开始是在纺锤上进行，直到13世纪发明了纺车。

历史

最早的一些纺织品出现在古埃及，棉花、羊毛和蚕丝在埃及面料里的应用要追溯到公元前3000年。同期，印度开始使用棉花，中国也开始使用蚕丝。到了中世纪，土耳其开始生产地毯、毛巾、块毯，意大利开始生产羊毛、蚕丝和天鹅绒。到了18世纪，人们发明了机器来大量生产面料，在19世纪末期，人们发明了人造纤维、尼龙等合成纤维。

有趣的事实

凯芙拉是一种比钢强壮五倍的面料，可以被用来制作防弹背心。

将不同的纤维组合在一起，可以生产出更强韧和更舒适的面料。棉花和聚酯的混合物可以使衬衫防皱，所以它并不需要熨烫。

更多相关知识 生命的起源68-69 ■ 简单机械184-185 ■ 家用技术206-207

塑料

塑料是一种非常有用的材料，因为它可以被塑造成几乎任何形状。塑料可以很薄而且很有弹性，比如塑料袋；塑料也可以很厚，比如自行车头盔。我们日常使用的很多物品都是由塑料制成的。

最先出现的塑料是在1851年由英国科学家亚历山大·帕克斯发明的。这种材料被称为硝化纤维素塑料，它可以被加热而且塑形，但是这种塑料非常易燃而且极为昂贵。到了1868年，美国发明家约翰·卫斯理·海厄特对其进行了改善，发明了赛璐珞。赛璐珞后来被用来制作相机的胶卷。

塑料通常是从原油加工而成。可以从石油中提炼出分子或者微小的颗粒，每个分子都被称为单体，当大量的单体在加热和压力的作用下，它们会连接起来，这被称为聚合物。大量的聚合物群体就会形成树脂，它是塑料的基础。树脂可以是粉状、颗粒状或者丸状，再加入颜色和添加剂之后就可以制作出特定的塑料制品，例如塑料做的鸭子玩具。

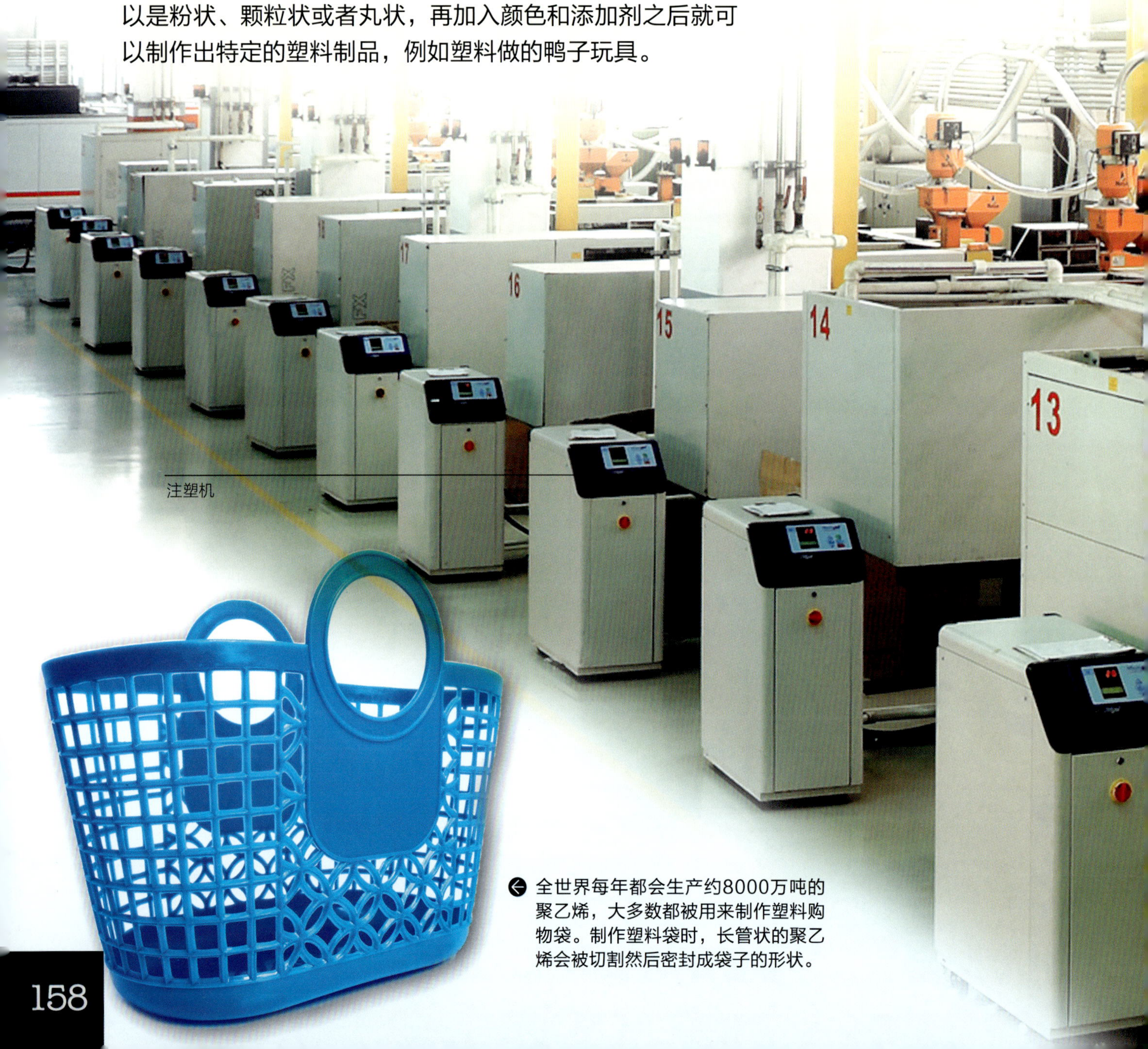

注塑机

全世界每年都会生产约8000万吨的聚乙烯，大多数都被用来制作塑料购物袋。制作塑料袋时，长管状的聚乙烯会被切割然后密封成袋子的形状。

塑料种类

塑料有两种类型，它们被加热至高温时会表现出不同的特征。热塑性塑料被加热熔解之后，可以被塑造成新的形状，而热固性塑料只能被永久塑造成一个形状，并且不能回炉重塑。如果一块热固性塑料被高温加热，它会被轻易破坏和烧伤。

纤维

合成纤维是由塑料加工而成，可以被用来制作衣服和地毯等物品。当塑料通过小孔喷射而出时，就会形成纤维，然后纤维可以被用来制作面料。最常见的合成纤维有三种，尼龙、聚酯和丙烯酸，其中丙烯酸可以被用来制作毯子或者可爱的玩具。

酚醛塑料手镯

➔ 酚醛塑料是由比利时科学家利奥贝克兰发明的，是早期的深色塑料。在20世纪20年代和30年代，很多物品都是由酚醛塑料制作而成，例如电话、汽车零部件和家具。但是，酚醛塑料后来被证明耐用性极差，正是因为它的脆弱和使用复杂，酚醛塑料在今天没有被广泛使用。

↓ 许多塑料物品都是使用注塑工艺加工而成。熔解的塑料被倒入钢制的模具当中，当塑料冷却下来，就会变成模具的形状。注塑成型可以用来生产很多产品，从微小的塑料部件到大型的汽车零部件。

有趣的事实

塑料是一种非常有用的材料，但如果回收不当的话对环境会极为不利，埋在地下的一个塑料瓶将需要450多年才能分解。

更多相关知识 ▸ 物质、原子和分子38-39 ■ 家用技术206-207

纸

纸是在古代发明的，今天仍然是我们最为重要的材料之一。借助纸张，人们可以通过书籍和报刊进行沟通交流，我们还可以用纸张制造的纸币来购买东西。

大多数纸张是由木材制作的液体纸浆加工而成，纸浆是由木材经过大型磨床或者金属圆盘的挤压而成，纸浆同样可以借助化学品将木材煮制而成。

折纸是发源于日本的折纸艺术，折纸可以将一张纸片在不经过剪切和粘贴的情况下制作成一个小的雕塑，比如一只天鹅或一架起重机。

历史

古埃及人首先发明了早期的纸张，这种纸叫莎草纸，是将条状的纸莎草用锤子敲打而成。而真正意义上的纸是在公元105年左右由中国发明的，并在公元793年传入了伊拉克，这种纸采用棉麻和破布来制造纸浆。在14世纪的中世纪，欧洲开始生产纸张，但是直到19世纪初才开始使用木材制作纸张。

古埃及人使用纸莎草生产纸张。

纸张回收

使用过的纸可以分解之后再次用来生产新的纸张，这样可以保护环境，减少树木的砍伐。废纸首先被放入水中变成纸浆，经过净化之后，纸浆再经过造纸机就可以生产出新的纸张。回收来的废纸通常被用来生产报纸、卫生纸和硬纸板。

硬纸板是一种通常用于包装的厚纸，波纹纸板被用来制作盛放货物的纸箱。

混凝纸浆是将纸张和纸片塑形的一种方式，它通常被用于制造面具和其他艺术品。

试一试

多年来，人们认为将一张纸折叠超过七次是不可能的，但是一个学生成功地将一张纸折叠了12次，你能折叠几次呢?

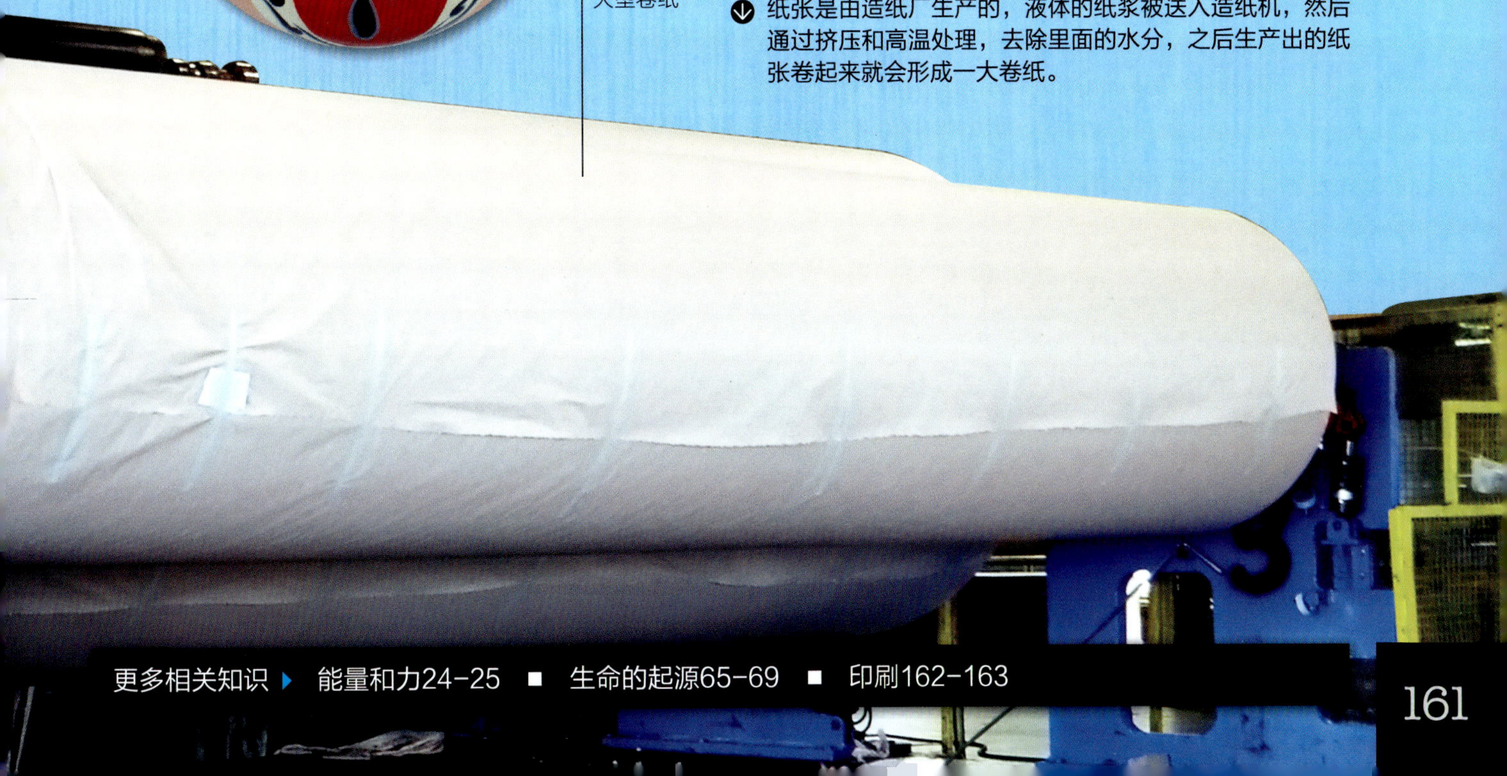

大型卷纸

纸张是由造纸厂生产的，液体的纸浆被送入造纸机，然后通过挤压和高温处理，去除里面的水分，之后生产出的纸张卷起来就会形成一大卷纸。

印刷

数码印刷并不需要胶片或印版，它是直接打印到纸张上。这种方法对于小型的印刷而言，既快捷又经济。

印刷是一种将文字和图片复制到纸张上的方式，通常是指为一个原始的版本制作出很多精确的副本。印刷的应用十分广泛，从麦片包装纸盒到您现在正在看的这页纸。

大批量的书籍和杂志可以使用印刷版来印刷。还是以这页纸为例，首先它是在计算机上设计完成，当本书的所有页面都设计完成之后，会被制作成为底片，每一页都会被放到一个金属板上，然后光会从上面扫描而过，这会让底片上的影像转移到铁板上，就像照相一样。

胶版印刷

胶版印刷是现在应用最为广泛的印刷技术，油墨首先被刷在板子上，之后被转移到橡皮滚筒上，滚筒会在纸张上滚动完成印刷。其中一种成本更为昂贵的胶版印刷叫做凹版印刷，它会通过印刷版直接打印到纸张上。

要打印彩色照片需要使用四种颜色：品红（粉紫色），青色（蓝绿色），黄色和黑色。所有其他颜色都可以由这四种颜色组合而成。

装订是印刷的最后一步，比如书籍的装订。印刷完成的纸张会被裁切，按照正确的顺序进行排列，然后用胶水、针或订书钉钉在一起。

有趣的事实

已知最早的印刷书籍是1899年在中国的一个山洞里发现的《金刚经》，这是一个宽30厘米，长近5米的卷轴。这本书的内容是有关于佛教，并且卷末刻有“咸通九年四月十五日王阶为二亲敬造普施”字样。

历史

人类发现的最早的一本印刷书籍是公元868年在中国印刷的。为了印刷这本书，文字和图像都被刻到了木桩上，然后刷上墨汁再转印到纸张上。在11世纪，中国人发明了活字印刷。词汇和文字被雕刻在了瓷器上，通过灵活的摆放，可以组合成不同的句子。金属活字印刷是公元1230在朝鲜发明的。15世纪，一名叫做约翰·古腾堡的德国男子发明了使用金属活字印刷的印刷机。到了今天，书籍的印刷已经变得极为简单。

在活字印刷发明之前，书籍都是人工手写而成，通常是由称为文人的专业人士撰写。

更多相关知识 化学反应42-43 ■ 纸160-161 ■ 互联网182-183

玻璃

玻璃是一种坚硬而透明的材料，它的应用十分广泛，例如瓶子、窗户和汽车挡风玻璃。玻璃可以制成不同的形状和颜色，例如多彩的玻璃珠和花瓶。通过和塑料结合，玻璃可以生产出一种叫做玻璃纤维的更强大的材料。

大多数玻璃的制作需要将沙子、纯碱和石灰石在炉子中加热到1700摄氏度加工，然后添加其他材料来生产不同品种或颜色的玻璃。玻璃在被加热到高温时，会呈现液体的状态，这时玻璃可以浇制、吹制、压制或者塑形成特定的形状。通常玻璃是由机器来塑形，但是也可以通过手工来完成。玻璃必须缓慢地进行冷却，不然就会破碎。

到了近代，无需人工帮助，机器就可以完成吹制玻璃的工作，将熔融的玻璃倒入金属模具，然后吹入空气，就可以制作出一个玻璃瓶。

如今的艺术家仍在使用已经有百年历史的吹玻璃技术来制作艺术品。

历史

古埃及人最早发明了玻璃，他们用玻璃来制作玻璃珠和珠宝。在公元前100年，叙利亚出现了吹制玻璃的技术。到了11世纪，德国人开始使用吹制技术来制作玻璃板，然后由铅条连接来制作窗户。在15世纪，意大利人发明了一种叫做水晶的玻璃，它的质量更重，被用来制作玻璃杯。

彩色玻璃是10世纪在欧洲出现的一项技术。它是指将金属氧化物等物质添入熔融玻璃，这样生产的玻璃就会呈现出蓝色、绿色或红色等颜色。小块的彩色玻璃同样被用来在教堂里制作图案或者图片。

有趣的事实

世界上最大的熔炉，每天会生产超过400吨的玻璃，这相当于1万个玻璃瓶。

吹制玻璃

玻璃吹制技术最早是由叙利亚的古腓尼基人发明的。他们将一个金属管的一端插进一团熔融的玻璃中，然后在金属管另一端用口吹，玻璃就会像气球一样鼓起来，之后，他们使用一根长棍来为玻璃塑形。腓尼基人同样想到了可以将玻璃吹入模具，这样就可以轻而易举地使玻璃成型。从20世纪初开始，人们开始使用机器来吹制玻璃，包括生产用于制作窗户的大块平板玻璃。

玻璃纤维是由很细的玻璃丝与塑料混合而成，它强韧、质轻，可以被轻易塑造成几乎任何形状。玻璃纤维可以被用来制作曲棍球杆、冲浪板、赛艇等产品。

更多相关知识 ▸ 热和冷34-35 ■ 化学反应42-43 ■ 透镜和反射镜166-167

透镜和反射镜

透镜是一块弧形的透明玻璃或者塑料，它可以实现弯曲光线的功能。反射镜是一块玻璃，它可以反射光线。透镜结合反射镜可以制作很多有用的设备，比如望远镜和相机。

透镜有两种，分别以不同的方式来弯曲光线。凸透镜是中间厚而边缘薄的透镜，它可以让一个物体看起来显得比实际更大，可以被用来制作放大镜。而凹透镜是中间薄而边缘厚，它让一个物体看起来显得比实际更小，可以被用来制作近视镜。

望远镜使用透镜和反射镜来放大数英里外的物体。反射望远镜使用两块反射镜，一块用来收集光线，另一块用来聚焦。反射望远镜还使用两块透镜，一块用来收集光线，另一块用来放大物体。折反射望远镜同样使用反射镜和透镜。像图中所示的这个大型天文望远镜需要很多很多的透镜和反射镜。

有趣的事实

- 第一个望远镜于1608年由汉斯·利伯希发明，著名科学家伽利略用望远镜证明了地球围绕着太阳运动。
- 昆虫的复眼包含了数百个微小的透镜。

太阳能发电是将从太阳捕获的能量转化为电能，它是一种利于环境保护的能源。大型的镜子被用来从太阳光线里捕捉能量，这些能量会被转换为蒸汽，最后再被转化为电能。

眼睛

人类的眼睛有一个凸透镜，以帮助人们看清物体。从物体发出的光线穿过一个眼球前端的一个透镜，达到眼球后端的视网膜上，这时形成的影响是上下颠倒的，这将由大脑进行矫正。对于近视眼的人们来说，远处物体的影响会出现在视网膜的前面，所以需要佩戴凹透镜来矫正视力。而对于远视眼的人们来说，近处的物体出现在视网膜后面，他们需要佩戴凸透镜来矫正视力。

镜子的种类

大多数镜子是由玻璃与金属背组成的，很多镜子是平面镜，比如我们浴室和汽车里的镜子。平面镜直线反射光线，这使得镜中的物体大小和距离保持一致。凸面镜向内反射光线，这使得一切看起来变得更小。店主经常使用凸面镜来监视整个店铺。凹面镜向外反射光线，这会使一切看起来更大，凹面镜通常被用于制作化妆镜。

显微镜能够放大那些肉眼看不到的微小物体，最为常见的是光学显微镜，它是由两个透镜和一盏照明灯组成。被观察的物体会被放在一块被称作切片的薄玻璃片上。

更多相关知识 ▶ 能量和力24-25 ■ 光和光学30-31 ■ 飞行器及飞行198-199

电子

在我们的日常生活中，几乎到处都能看到电子设备的影子。我们在电脑前工作，用MP3播放器欣赏音乐，在电视机前放松自我。通过控制电信号在电路中的行走方式，我们就可以控制这些设备运行。

电子电路是由电子元件连接而成。电子元件控制电流的流动和强度，这被称为信号，在电路中流动。信号可以携带信息，比如图片或声音，这样我们就能收看或收听节目。电子电路往往被印刷在塑料制的电路板上，各个电子元件通过金属脚插在电路板上的孔中来与电路连接。

电子行业的发展主要是电子元件的发展，这始于1904年，科学家约翰·安布罗斯·弗莱明发明了第一个二极管。1906年，科学家李·德弗雷斯特发明了第一个现代晶体管，也就是三极管。1947年，人们开始使用硅来制作晶体管，到了1958年，人们发明了集成电路，这也开启了现代数字电子技术的新篇章。

元件

不同的元件被放置到电路板上去完成不同的工作，但是元件有以下几种常见的类型。晶体管是电子开关，能够放大电流强度，或者将其打开或关闭。电阻可以降低电流，并将其精确分发到其他元件。二极管是一个单向阀，电流只能沿一个方向穿越。电容可以储存和释放电能，能够产生电流或增强现有的电流。

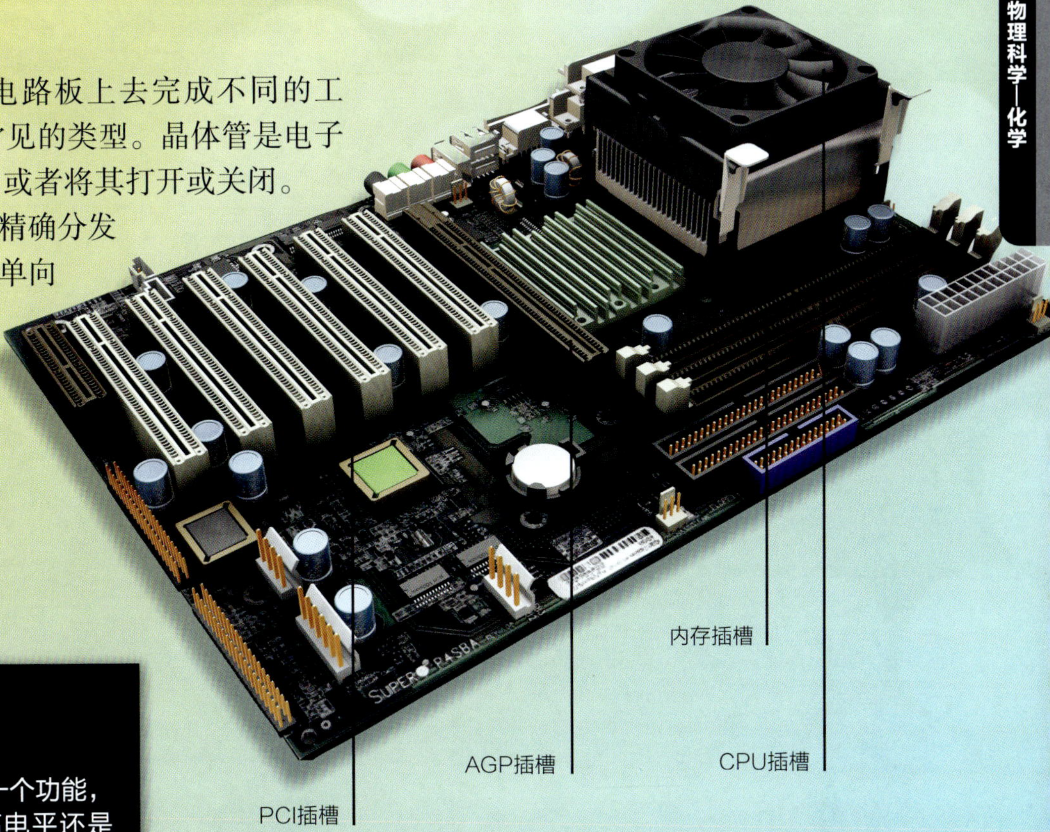

主板是任何一台电脑的核心电路板，上面有计算机所有的关键部件，例如显卡和声卡，它们都被插在了主板上。最重要的部分是微处理器，它就相当于计算机的大脑。

有趣的事实

其实计算机本质上只有一个功能，那就是判断一个电脉冲是高电平还是低电平。计算机以“0”来代表低电脉冲，而以“1”来代表高电脉冲，这是一台计算机的所有功能的基础。

电子电路的类型

电子电路有两种类型：模拟电路和数字电路。模拟电路使用连续的电流，而数字电路使用电脉冲。数字电路的元件控制这些电脉冲的强度和方向，而电脉冲里包含了以二进制代码形式存在的信息，例如声音和图片。二进制代码由数字1和0组成，被应用于所有现代的电子设备当中，例如MP3播放器和计算机。

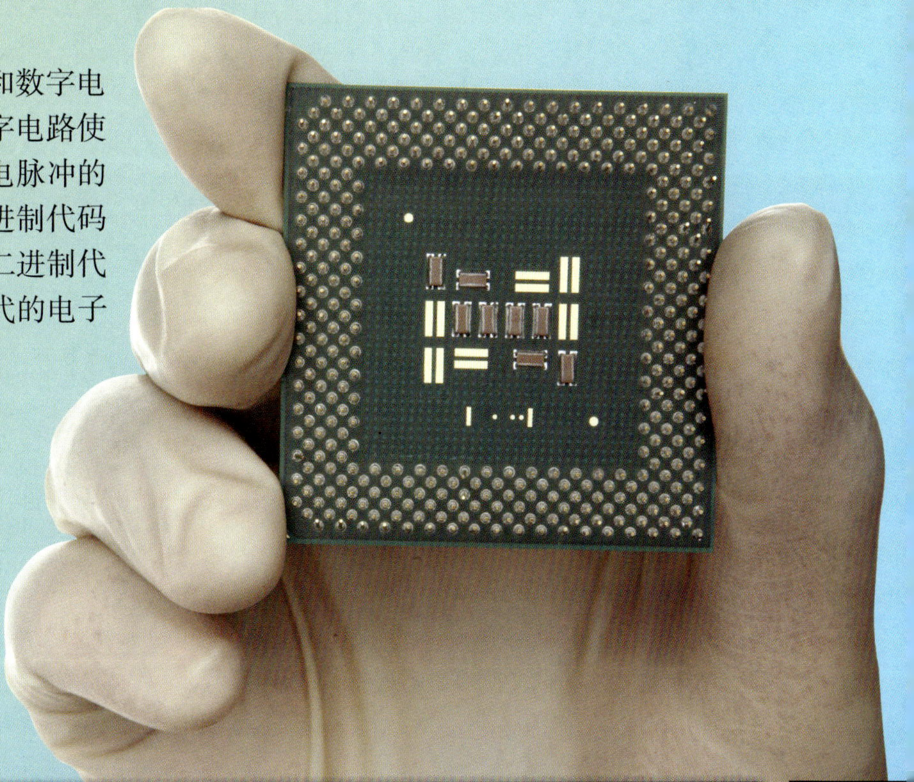

集成电路也被称为芯片，是刻在小型硅片上的微型电路。一个集成电路包含上千个零件，几乎被应用于所有的现代电子设备当中。

电话

电话是使用最为广泛的沟通方式之一，现在世界上有50亿人拥有电话。

当你对着电话的话筒讲话时，话筒会将你的声音转换成电信号。这些电信号会通过电话网络发送到您所呼叫的电话那里，当应答时，电信号就会被还原为原来的声音，也就是你的声音。大多数电话都有一个讲话用的话筒，拨打号码用的按钮以及能够提醒来电的振铃。

1876年，亚历山大·格雷厄姆·贝尔发明了电话。贝尔的第一通电话是打给他隔壁的助手，他当时说："沃森，快过来，我有事找你！"

电话连接

现在已经形成了一个全球性的电话网络，只要你知道对方的电话号码，你就可以拨打世界上任何一个人的电话。座机电话拨出的电话会通过铜电缆进入当地的电话交换网络，然后会通过光纤、卫星、微波或海底电缆进行路由，连接到其他的电话交换网络，最终到达你所拨打的电话。

转盘电话是键盘电话出现之前的电话，使用它们拨打电话时，用户必须把手指插入相应的手指孔里，然后顺时针旋转转盘。

世界上第一个电报是由美国发明家塞缪尔·莫尔斯发出的，莫尔斯发明了通过电线发出脉冲的电报，这被称为莫尔斯码，之后人们开始使用莫尔斯码来进行长距离通信。

➊ 使用触摸屏技术的智能手机能够感应到手指或者手写笔在屏幕上的动作，并作出响应。

手机

移动电话或手机，不像有线电话那样使用电话线，相反，手机向由网络基站组成的移动电话蜂窝网络发送无线电波。当一个人用他的手机拨打电话，他的手机会将无线电波发送到距离最近的基站，然后这个基站会将信号传送到电话网络当中，最后再发送到离被拨打电话最近的基站中。

试一试

自己动手做一个对讲电话。

你将会用到这些东西：两个纸杯、一根2—3米长的线、一支铅笔，还有一位朋友。

- 用铅笔的笔尖头在两个纸杯底部各戳一个小洞。
- 把线穿过纸杯底部的小洞，并将朝向纸杯内的一端打一个结固定。
- 同样，把线穿过另一个纸杯底部的小洞，并打结固定。
- 拉紧连接纸杯之间的线。对着纸杯说话，并让你的朋友站在另一端，把另一个纸杯口对着耳朵。看看他是否能重复你说的话。

当你对着纸杯说话时，你的声音被传送到线的另一端。你的声音会产生振动，并随后通过拉紧的线传送。

普通老式电话服务（POTS）网络

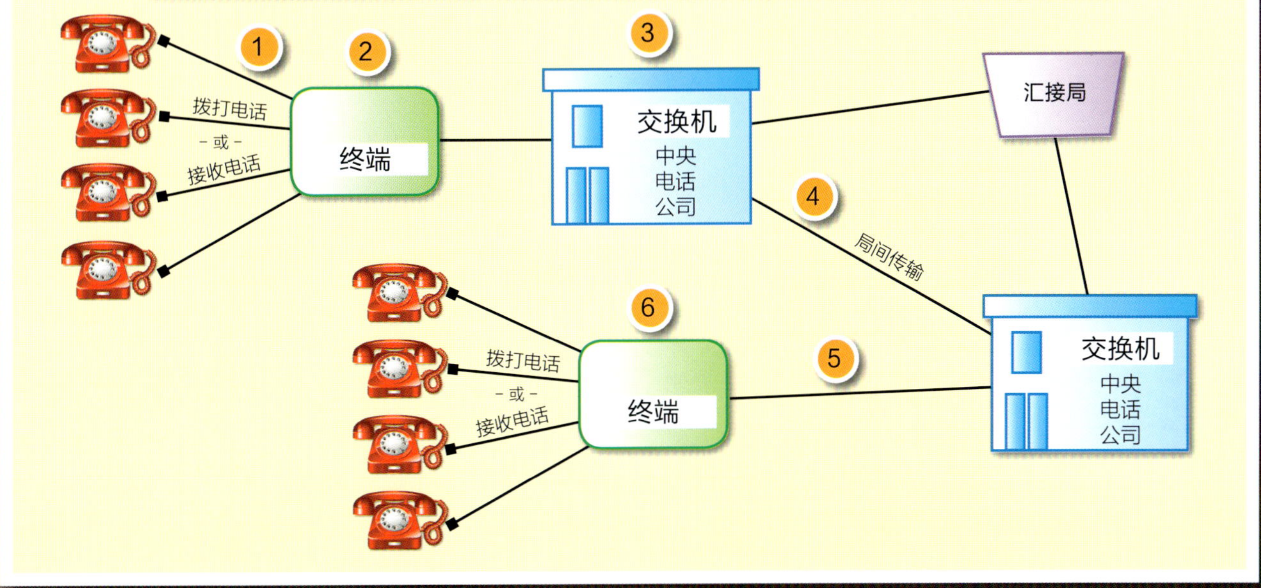

更多相关知识 ▸ 声音和声学32-33 ■ 简单机械184-185 ■ 潜艇196-197

无线电

每天，数百万人用他们的收音机来收听新闻和娱乐广播，这些广播是通过无线电波进行传输的。无线电波能以光速传输很远的距离，且并不借助电线或电缆。

要想将声音转换为广播，首先要将它们转换成电信号，这一步是靠麦克风来完成的。电信号之后需要与称为载波的无线电波进行混合，这一步叫做调制。下一步，调制后的无线电波需要通过强大的发射器发送出去，无线电天线获取到无线电波并将其转换成电信号，之后再通过扬声器来播放由电信号还原出的声音。

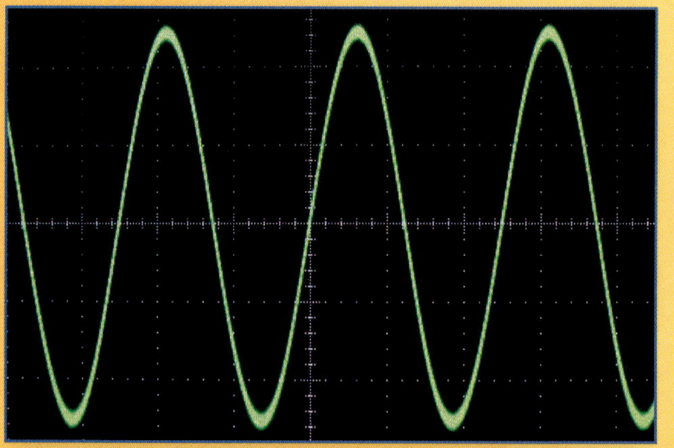

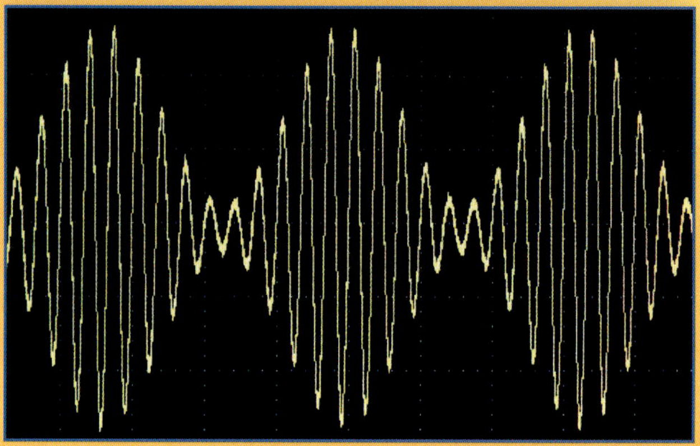

无线电波通过它们的频率或波长来进行衡量。波长是指从相邻的两个波峰之间的距离，而频率则是指每秒钟有多少波。

调制的方式有两种，调频（FM）将电信号的频率与载波的频率进行匹配，而调幅（AM）则改变电信号的振幅来与载波相匹配。

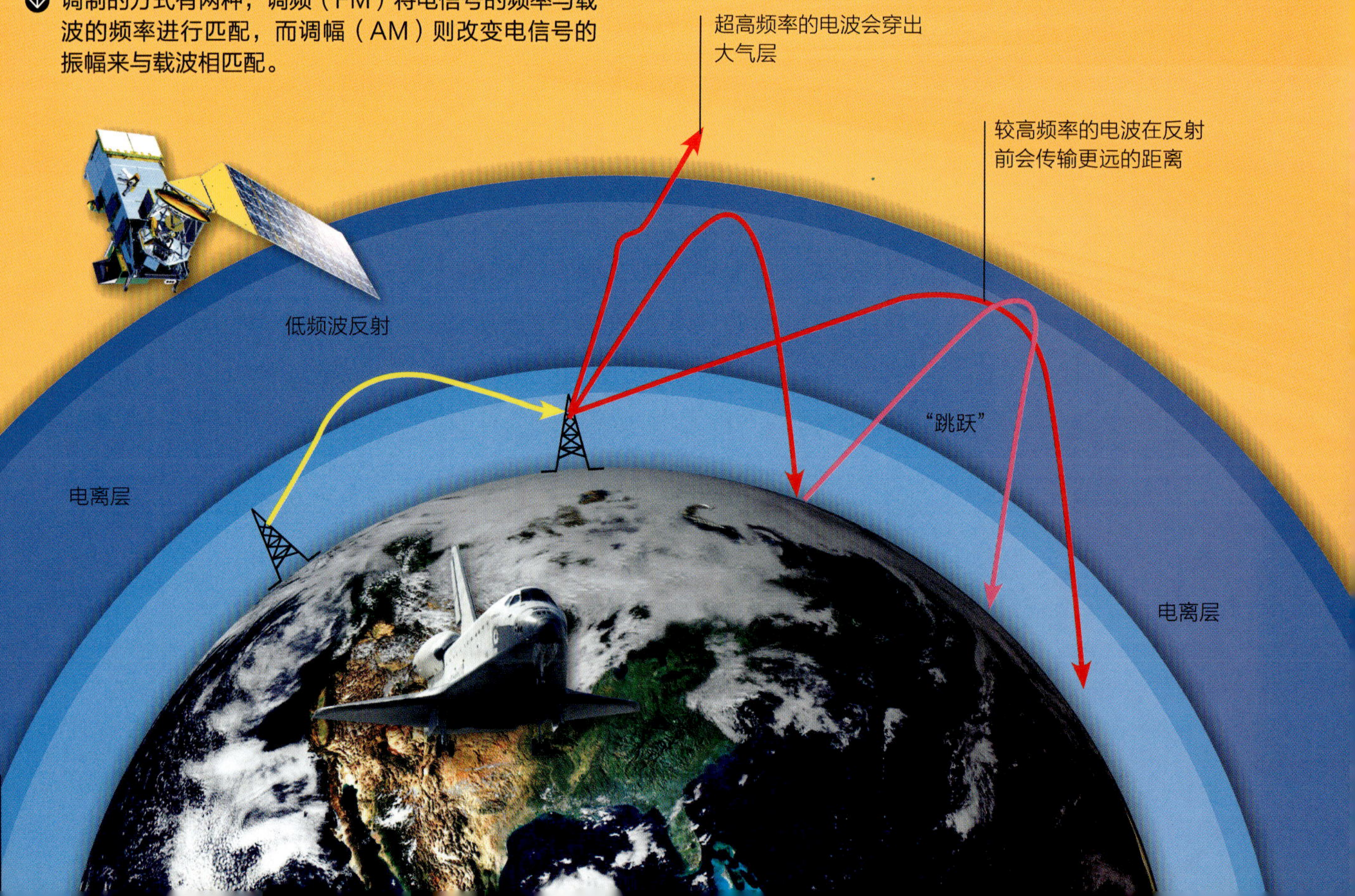

历史

1896年，古列尔莫·马可尼成为远距离发送广播消息的第一人，距离为2.4公里，后来他使用风筝和热气球来使天线获得更高的高度，这样传输的距离变得更长。1901年，马可尼发送了横跨大西洋的电波，这就是现代广播的诞生。马可尼发送的电波经过了大气最上层部分的电离层的反射，虽然当时人们并没有发现这一点。

无线电类型

无线电波被用于许多不同形式的通信当中。急救中心、警局、消防队等紧急服务部门通过他们的双向无线电通讯设备来使用无线电波，手机从天线杆上获取无线电波，而电视通过无线电波来接收图像和声音。

有趣的事实

世界上最古老的电台节目是美国纳什维尔的“乡村大剧院”，这个播放乡村和西方音乐的节目在1925年首播，至今仍在播出。

现在，许多电台节目采用数字广播的形式，数字信号是将一种电信号与无线电波进行混合来进行广播的。

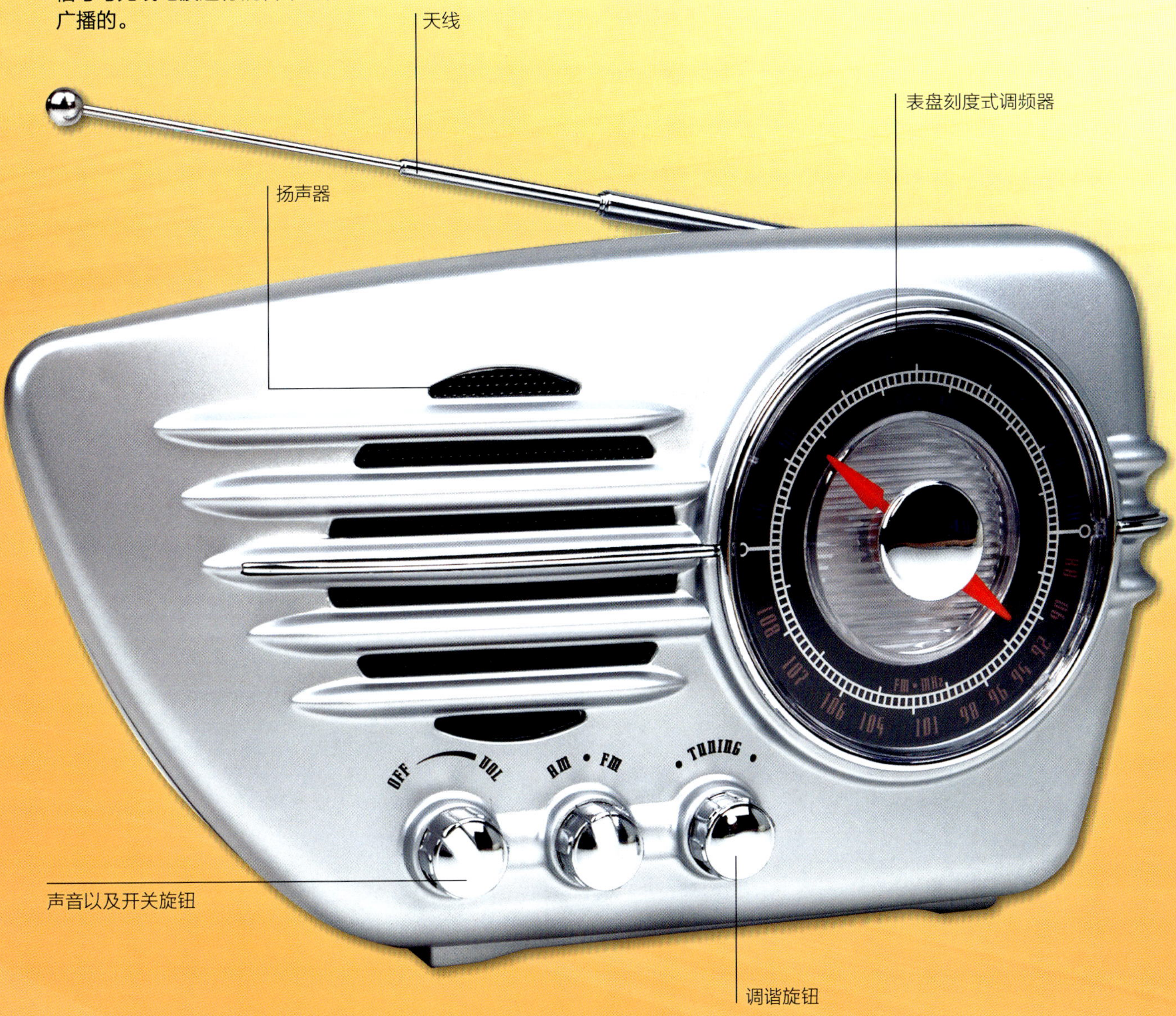

更多相关知识 ▶ 电26–27 ■ 声音和声学32–33 ■ 电话170–171

录音

许多声音都可以被记录下来，这样它们就能够在以后被人们听到。音乐人在录音室里录制歌曲，这些歌曲接下来会被复制到CD、MP3以及唱片当中，这样人们就可以购买。

对于被记录的声音，它们首先要被转换成电信号。麦克风使用一个叫做振膜的金属圆盘来获取声波，之后电磁铁会将声波转换成电信号，电信号接下来就可以被录制或者通过扬声器来回放。扬声器就像一个相反的麦克风，它使用电磁铁来将电信号还原为声波，使声音听起来和原来一样。

光盘是一张平滑而有银色光泽的盘子，通常用来储存音乐。一旦光盘放入CD播放机，它就会通过激光来扫描光盘底面来读取它的二进制信息。CD光盘是购买音乐的最常见方式，另外还有MP3，MP3是数字格式的音乐文件。

大多数专业的录音都是在录音室里进行的，每一个乐器或者人声都会通过独自的麦克风进行采集，并录制成独立的音轨。通常录音会得到很多不同的音轨，这就需要录音工程师来对其进行混缩编辑。

历史

发明家托马斯·爱迪生于1877年发明了第一个录音设备，他将声音录制到圆筒形锡箔上。20世纪20年代，人们发明了磁带，这为录制音乐并出售给消费者提供了可能。1931年，人们发明了黑胶唱片，在60年代，出现了卡式磁带，而到了80年代，光盘开始出现。

托马斯·爱迪生在1877年发明了留声机，通过唱针在锡箔上刻下沟槽来记录声音，播放时针会在刻下的沟槽里进行滑动。留声机是人类最早的录音设备。

数字录音

数字录音是指将电信号转换成数字信号，即以1和0来存储声音，这个过程叫做数字化。数字录音可以轻易地将声音精确录制，而且即使反复播放也不会影响其质量。数字录音通常被用来灌制CD或者MP3，这样消费者就可以在唱片商店里购买CD，在网络上购买下载MP3。

黑胶唱片是在唱片机上播放的唱片，声音被录制到唱片两面的凹槽上，并通过唱针沿其滑动来还原声音。在20世纪，黑胶唱片是除了录音带之外录制音乐最为常用的方式。

模拟录音

模拟录音通过麦克风和塑料磁带来记录电信号，从而实现录制声音。几乎整个20世纪的录音都属于模拟录音。音乐通常被录制到磁带上，而磁带在今天已经逐渐被淘汰。模拟录音不能永久保存，磁带每播放一次都会造成损耗，最终会导致杂音和声音扭曲。

有趣的事实

- 自20世纪80年代CD被发明以来，全球范围内已经发售了超过2亿张CD。
- 在2009年音乐的销售中，1/4为数字下载。
- 2009年，美国售出了300万张黑胶唱片，比上一年增加了100万张。
- 2009年，英国仅售出了8000盒磁带。

更多相关知识 ▸ 声音和声学32–33 ■ 电子168–169 ■ 无线电172–173

相机

相机是记录静止或动态影像的设备。曾经的相机是一个体积大且笨重的木箱子，只能拍摄黑白影像。但是现在的数码相机变得体积小巧，拥有更高的分辨率，而且可以拍摄色彩丰富的彩色照片。

➔ 有些相机能通过高速拍摄一组静止图像来录制运动的影像。电视和电影摄像机可以拍摄运动的影像，然后用来播放或者使用数字格式保存起来留作后用。摄像机能够以很快的速度来连续拍摄一组静止的图像来录制视频，随着科技的进步，借助于专门的设备和技术，我们甚至可以在水下录制视频或者拍摄照片。

拍照的过程首先需要首先使用一个相机对准一个物体，然后按下快门键，相机镜头就会收集以及集中光线到这个物体上，然后拍下这个物体。对于数码相机来说，这个物体被记录到图像传感器上，然后被转换成电荷，相机内置的计算机会进一步将其转换成数字数据，然后将其存储到记忆棒等存储设备上，随时可以被拷贝到电脑上。

历史

相机的名字来源于早期相机的暗箱，那是一个大而且漆黑的盒子，它让光线通过上面的凸透镜射入。早期的暗箱通常有一个装有镜头的帐篷，直到1685年，人们才发明了更为便携的暗箱。那时，拍摄的图像只能临时保存到板子上，第一张可以永久保存的照片拍摄于1826年，是由约瑟夫·涅普斯使用一个木箱相机拍摄完成。胶片相机出现在19世纪晚期，在20世纪90年代出现数码相机之前，胶片相机一直是最主要的相机种类。

有趣的事实

早期的人像摄影需要人们在镜头前一动不动地坐上20分钟，才能使相机获得足够的光线用来拍摄。

相机可以和各种不同的镜头来配合使用，来适应不同的条件。长焦镜头可以放大远距离的影像，广角镜头可以获得更大的视角，现在多数数码相机能够在不更换镜头的情况下完成变焦。

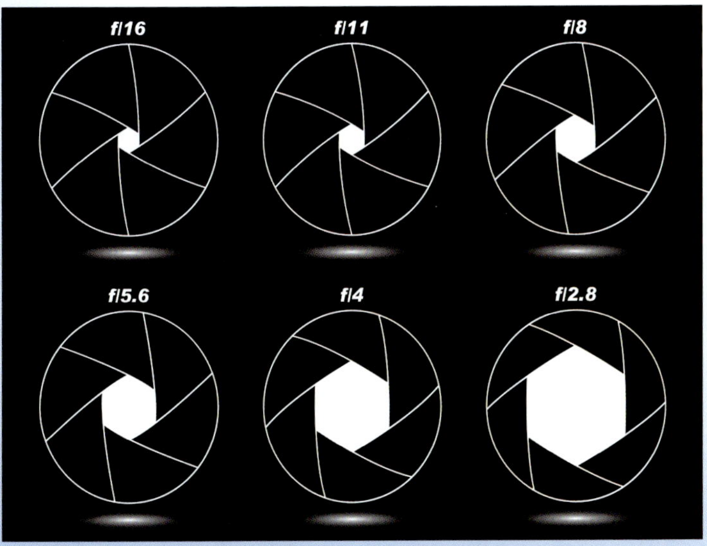

胶卷

传统相机将图像记录到胶卷上，这个过程和数码相机相同，只是数码相机是将图像记录到图像传感器上，而非胶卷。一个胶卷通常能拍摄24张或者36张照片，一旦拍摄完成，将胶卷从相机中取出，就可以在暗室中使用化学品来进行冲洗，光透过胶卷照射到相纸上，就可以将图像打印到相纸上。

相机让适度的光进入，才能保证照片不会太暗也不会太亮，这就是所谓的曝光。这决定了有多少的光线进入了相机，相机的快门键控制了允许光线进入的时长。

更多相关知识 ▶ 透镜和反射镜166–167 ■ 电视178–179

电视

电视使用无线电波来向世界各地发送动态影像，数百万的人们可以通过电视机进行收看。轻轻按下按钮，我们就能在电视上收看到世界各地的新闻、体育和娱乐节目。

阴极射线管是一种装有电子枪的真空集热管，电子枪发射出电子流，从而在荧光屏上创造影像。早期的电视机以及电脑都使用这种显示器，直到21世纪出现了等离子显示器以及液晶显示器，它们才逐渐被取代。

电视摄像机在现场拍摄影像和声音，它将影像分解为条状，而且分析每一条的红色、绿色、蓝色的比例，然后将这个信息转换为电信号。当电信号被发送到电视机后，电视机会将其转换成声音以及红、绿、蓝三种颜色的光束，光束照射到屏幕的像素上，就会还原成图像，而声音则通过扬声器进行播放。

有趣的事实

美国儿童平均每年约900小时的时间是在学校度过，但是却有1500个小时是在看电视。

无线、有线和卫星电视

电视可以通过无线电波、电缆或者卫星来进行广播。对于无线电视来说，无线电波是通过发射机进行发射然后通过电视天线进行接收，数字电视也是采用这种方式来进行广播。有线电视通过地下的电缆来将电视信号发送到电视机，卫星电视通过太空中的卫星将信号发送到家庭安装的卫星接收器上。

卫星天线是一种碟形天线，可以发送或接收信号。通过中央馈源喇叭，卫星天线将信号发送到发射天线，然后使用窄波束发送到接收器。

历史

电视是许多不同的发明家共同努力的结果。在1884年，一名叫做保罗·尼普科夫的德国科学家发现了一种将图片转换为电信号的方法，他发明了一种扫描光盘，能够将图片转换成一组光线，然后将其通过电线传输并且还原成图片。苏格兰发明家约翰·罗杰·贝尔德在1926年使用扫描光盘实现了第一个电视画面，这个画面暗淡而且闪烁，但是仍然可以从中看出一个人的脸。

一幅动态的图像是由很多静态图像快速播放来实现的，当你近距离十分仔细地观察一个电影，你就会发现静态的图像。

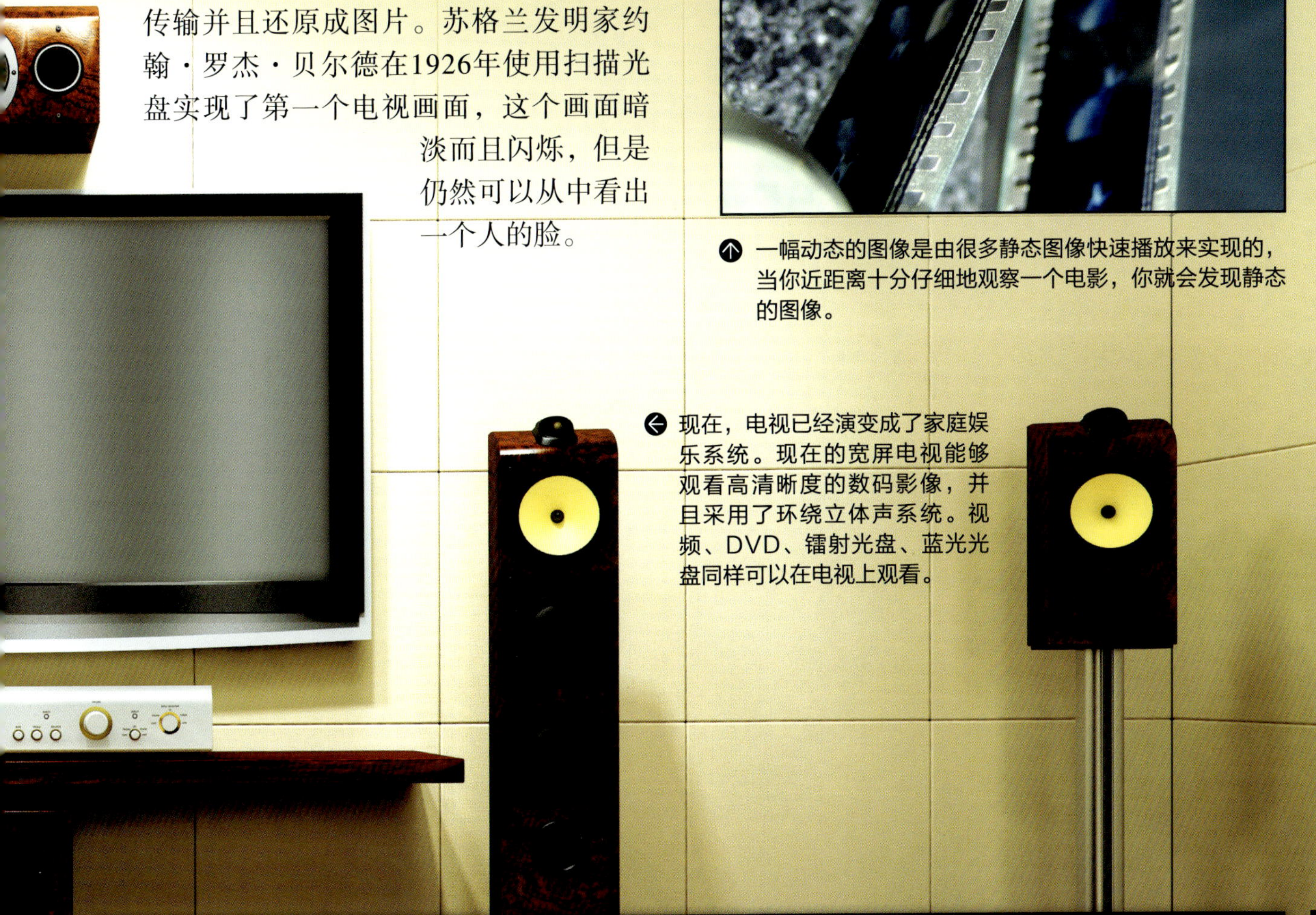

现在，电视已经演变成了家庭娱乐系统。现在的宽屏电视能够观看高清晰度的数码影像，并且采用了环绕立体声系统。视频、DVD、镭射光盘、蓝光光盘同样可以在电视上观看。

更多相关知识 ▸ 光和光学30-31 ■ 透镜和反射镜166-167 ■ 运动和力36-37

计算机

70年前，计算机有一个大房间那样大，重量达数吨，一次也只能计算一件事。今天的计算机功能更强大，而且方便携带，从预定假期到设计火箭，它几乎无所不能。

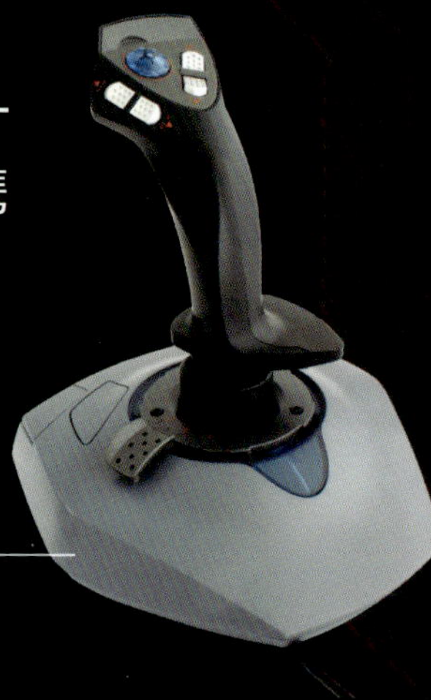

游戏手柄

计算机是由硬件和软件两部分组成的。计算机的硬件是其组成的零件，如显示器、键盘和鼠标。计算机软件是一组程序，来告诉计算机应该怎样去做，最为重要的软件是操作系统，它能确保软件和硬件能够正常运行。计算机使用的其他软件叫做应用软件，包括游戏、网络浏览器以及文字处理软件。

有趣的事实

1943年，IBM总裁托马斯·沃森表示，他认为全球的计算机市场只有五台的容量，而如今，全球已经售出了超过十亿台计算机。

历史

第一台计算机是在20世纪40年代开发的，相比于现在的计算机，它占据了整间房间，并且需要大量的电力来进行计算。直到50年代，晶体管的发明才使计算机变得更为强大，70年代发明的微芯片为今天普及的个人电脑奠定了基础。

ENIAC（电子数字积分计算机）是第一台通用的数字计算机。它是由美国物理学家约翰·莫齐利在1945年发明的，这台叫做“巨脑”的机器重达27000公斤以上。

运算能力

每台计算机都有一个微处理器，它通常被称为中央处理单元（CPU）。CPU就像计算机的大脑，它用来计算所有的运算，运行所有的程序。计算机所有的运算都是采用二进制代码，也就是只有1和0两个数字。每一个1或0叫做一位，而一组位则称为一个字节，计算机能够处理的字节就叫做它的位宽。一个计算机的主频有多少兆赫是用来衡量一秒钟内它可以做多少事情。

➔ 外设是指可以插接到计算机上的额外的硬件设备，包括打印机、扫描仪、摄像头以及游戏外设。

存储

计算机将大部分信息都存储在了它的硬盘上，这些信息在计算机关闭后不会被擦除掉。计算机也有一个短期的存储器，叫做随机存取存储器（RAM），也就是内存。内存只有计算机运行时才会被使用，并且所存储的信息在计算机关闭之后就会擦除掉。数据同样可以存储在外部的硬盘、U盘、CD或者DVD上。

↑ 计算机病毒是能够感染并伤害计算机的程序。计算机病毒能够自身复制，并且尽可能地感染更多的计算机，通常是通过互联网等网络。世界上每月都会有超过6000个新的电脑病毒诞生。

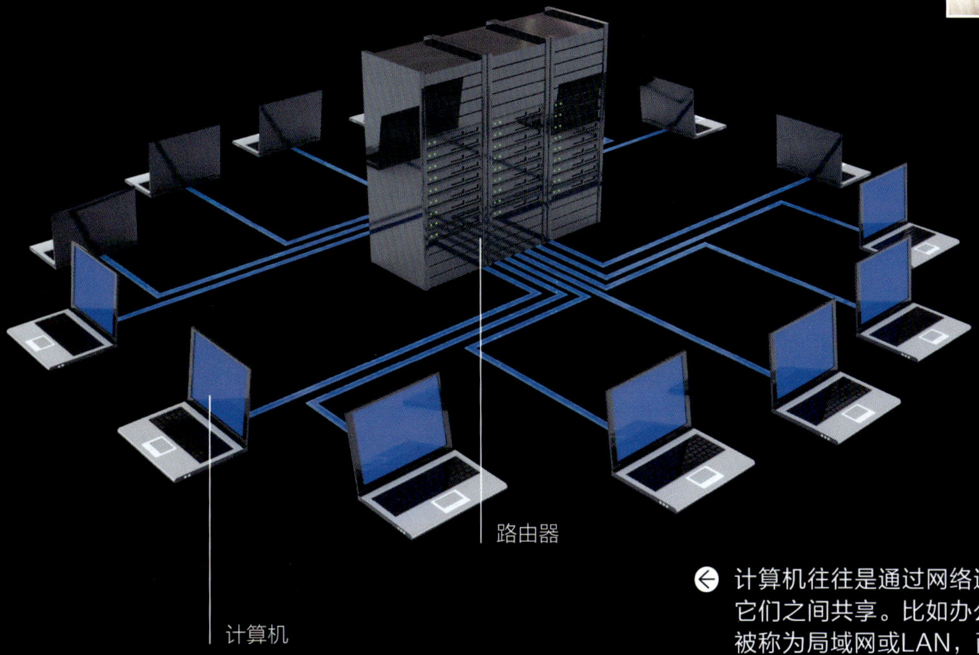

← 计算机往往是通过网络连接在一起的，这样信息就可以在它们之间共享。比如办公室里的一个小型网络，这种网络被称为局域网或LAN，而互联网这样范围更大的网络，叫做广域网或WAN。

更多相关知识 ▸ 电26-27 ■ 家用技术206-207

互联网

互联网是一个全球性的网络，它将世界各地的计算机连接在一起，包括个人、企业、组织和政府，它们将信息发送到网络上来同世界共享。

在计算机上使用互联网的方法有很多种。一种方法是通过一条电话线将计算机同调制解调器连接起来，登录到互联网时，调制解调器会通过电话线连接到大型的主机，也就是互联网服务提供商（ISP）。接下来，用户就可以在浏览器中输入一个网页的网址，用户的ISP就会向存放该网页的计算机请求该网页，等ISP获得该网页之后就会发送回用户的计算机。整个过程只需要几秒钟。

万维网

万维网是一个可以通过互联网访问的庞大的网站系统。通过它，人们可以查看网页上的文本、图像和视频。网站同样链接在了一起，用户可以通过超链接来轻松地从一个页面跳转到另一个页面，超链接通常为带有下划线并且高亮显示的文本。当用户点击超链接后，就会跳转到超链接所显示的页面。

统一资源定位器（URL）是万维网上网页的地址。

例如：http://www.q2amedia.com/q2a123/abouts.html

http://是协议的名称，它告诉浏览器如何显示这个文件。

www.q2amedia.com是它所在的网站和服务器的名称。

abouts.html显示该文件是用超文本标记语言（HTML）编写的。

网站名称最后通常以“.com”或其他后缀结束，不同的后缀有不同的含义：

- com：公司
- edu：学校或大学
- gov：政府机构
- org：慈善组织

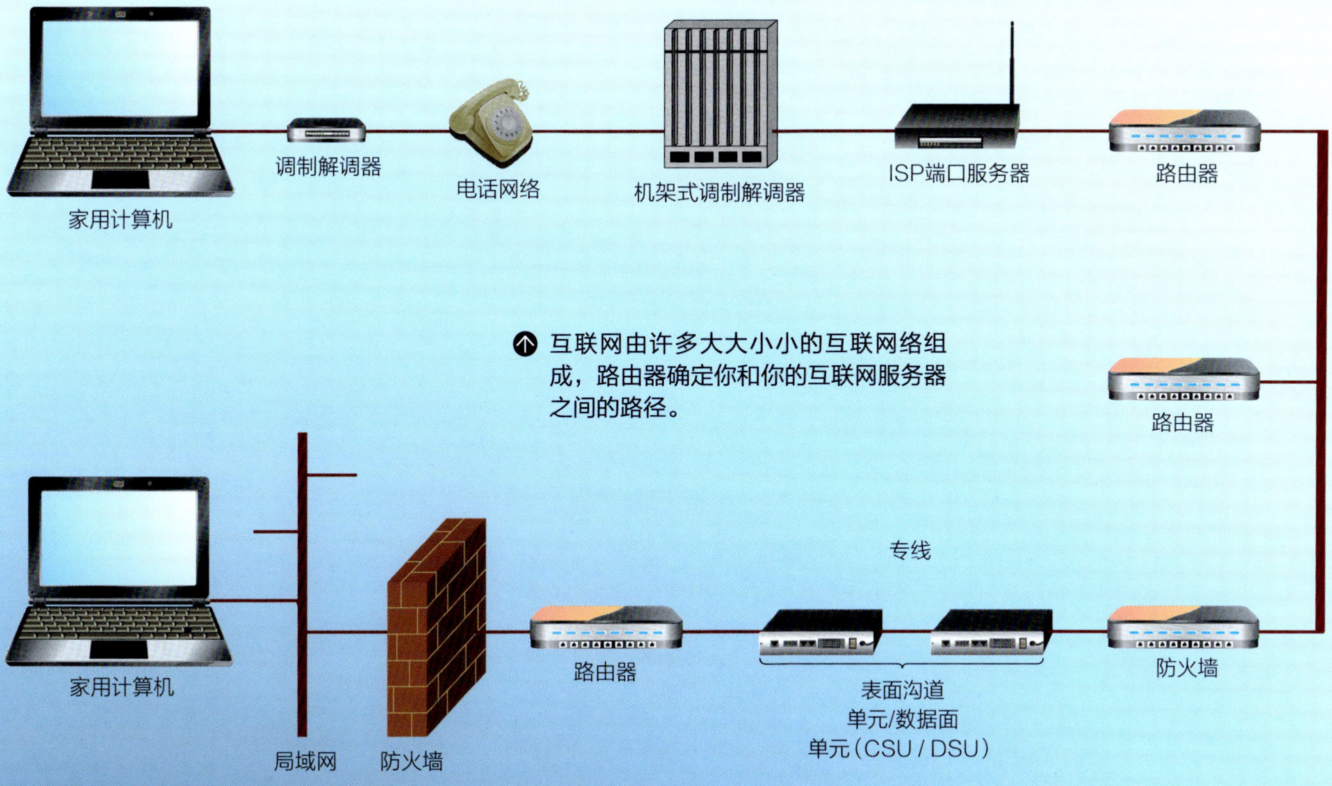

互联网由许多大大小小的互联网络组成，路由器确定你和你的互联网服务器之间的路径。

电子邮件

E-mail是电子邮件的英文缩写，它是一种通过互联网发送和接收消息的方式。要做到这一点，每个用户都必须有一个电子邮件地址，它包括用户所选择的名称和域名，域名往往是用户的ISP名称。电子邮件就像一封可以添加Word文档或音乐文件等附件的信，一旦发送成功，电子邮件就会发送到用户的ISP，再到收件人的ISP最后到达收件人那里。

协议

协议是所有计算机使用互联网所必须遵循的规则，它同样为计算机提供了来正确显示信息的格式，比如超文本传输协议是浏览网页所采用的协议，这就是网址开始的“http”所代表的含义。

现在多数行业都严重依赖于使用互联网来进行调研、记录、会议和讨论，互联网明显缩短了距离和时间上的差距。

有趣的事实

2004年，微软创始人比尔·盖茨表示到2006年将不会再有广告或者垃圾邮件，事实证明他是错误的。根据2010年的一份报告显示，大约85%的电子邮件都是垃圾邮件。

呼叫中心依赖于互联网来向全世界宣传他们的新产品和服务，并且收集客户的反馈。

更多相关知识 ▸ 电26-27 ■ 计算机180-181 ■ 家用技术206-207

简单机械

机械的设计是用来帮助人们更加轻松地完成体力工作。最简单的五种机械是：杠杆、楔子、轮轴、滑轮和螺丝，通过它们的组合可以制作复杂的机械。

简单的机械可以帮助我们使用更少的力气就可以抬、推、拉或者旋转物体，楔子或者坡道就是很好的例子。斜坡是用来将重物抬高，因为和直接向上抬起相比，将一个物体沿斜坡向上推更为省力。轮轴是另一种简单的机械，使用一个独轮车将重物沿着斜坡向上运输比之前会更为省力。复杂的机械通常是由简单的机械组合而成的，例如一辆自行车，它用到了轮子、杠杆和滑轮。

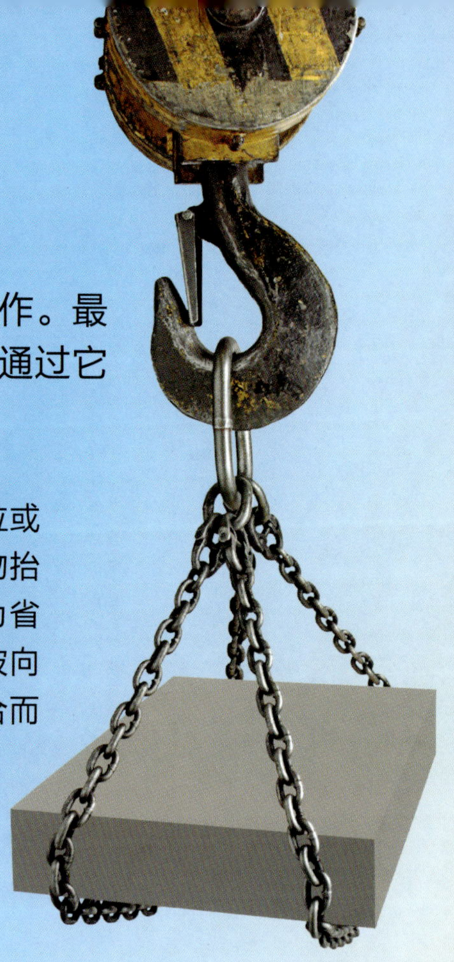

起重机使用一些简单机械的组合来升降物体，起重机上的杠杆能够起到平衡作用，而滑轮则用来承受物体带来的重量。

滑轮

滑轮是一种功能强大的机械，它使用轮子和绳索来提起重物。一根绳子绕过滑轮的一个或多个轮子，然后拉住下面的重物，这样，一个人就可以将重物抬起，例如一台洗衣机。复杂的滑轮使用更多的轮子来承担更重的重量，每增加一个轮子，就意味着人们需要花费更少的力量。

杠杆

杠杆是最古老和最简单的机械，用来抬起重物。所有的杠杆都有一个支点，它决定了抬起重物需要花费多少力量。跷跷板是一个杠杆，要想在跷跷板上抬起一个比你重的人，你必须坐在距离支点更远的地方。不同的杠杆的支点位于不同的地方，例如，胡桃夹子的支点在末端，而不像跷跷板那样在中间。

有趣的事实

已知最早的车轮出现在公元前3500年左右的美索不达米亚，被用在雪橇上。

跷跷板的工作原理是支点/枢轴被放在了杠杆的中心位置，这样能使它实现平衡，当支点向任意一边移动时，跷跷板就会失去平衡。

楔子

楔子通常是一个由木头或金属制作而成的三角块，它有一个尖锐的薄边。楔子可以构成一个坡道，将重物运到高处，楔子的薄边同样可以用来控制重物进行向下的运动。螺丝刀有一个用来紧固螺钉的楔子，斧头有一个用来砍裂木材的楔子。

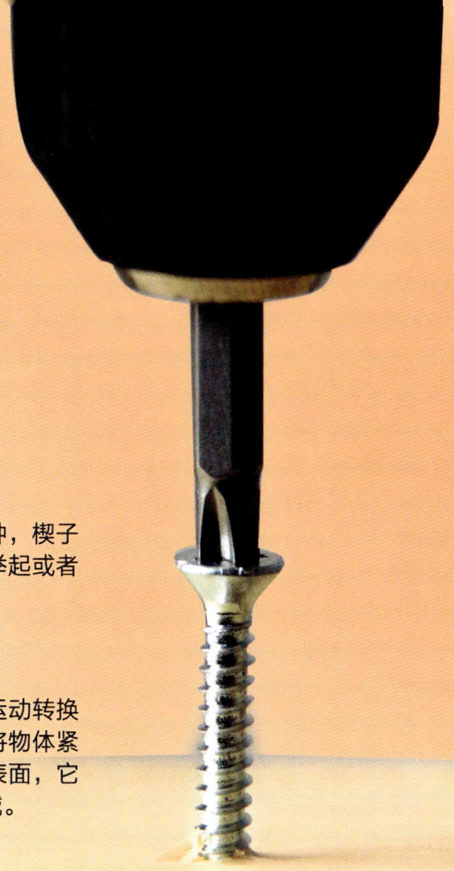

斧头也是楔子的一种，楔子可以被用来分离、举起或者固定一个物体。

螺丝钉通过将旋转运动转换成直线运动，可以将物体紧固在另一个物体的表面，它也是最为常见的机械。

车轮和轮轴

车轮是在约5500年前发明的，并通常被认为是人类最伟大的发明。一个轮子是由一个大型的圆片连接到一个较小的圆片，也就是轴。当一个车轮转弯时，它会产生一个强大的转向力作用在车轴上，这个过程也可以逆转，因此轮轴转动一定距离，轮子就会转动更长的距离。汽车的方向盘是一个常见的例子。

螺丝钉

螺丝钉是一个简单的机器，用来将物体固定在一起。螺丝钉有一个平面的头部，并且上面有一个楔形槽，一种叫做螺丝刀的楔子可以插入这个楔形槽中来旋转螺丝钉，这会将很大的力量作用在螺丝钉上以确保螺丝钉不会掉下来。

汽车的车轮是在轮轴上进行旋转，当一个车轮转动时，它会带动轮轴进行旋转运动，之后轮轴再带动其他的轴进行转动，从而实现让汽车前进。

更多相关知识 ▸ 能量和力24-25 ■ 运动和力36-37 ■ 电子168-169

发动机

发动机可以驱动机械和车辆，包括车、船、飞机以及火车。发动机通过燃烧煤炭、汽油等燃料来进行工作，燃料燃烧产生的热量可以被用来驱动机器的零件。

发动机的类型有两种。外燃机是在发动机外的一个燃烧室内燃烧燃料，而内燃机则是在发动机内燃烧燃料。蒸汽机发明于1705年，属于外燃机，被用来驱动轮船和火车。内燃机发明于1859年，而今天，燃烧汽油和柴油的内燃机已经被应用到了大部分车辆上。

喷气发动机是一种十分强大的内燃机，通常被用来驱动飞机。空气从发动机的前端被吸入，然后同燃料进行混合燃烧产生热气体，热气体从发动机后部喷出产生动力。

汽油发动机和柴油发动机

内燃机通过燃烧汽油和柴油来驱动汽车、摩托车、卡车以及公共汽车。内燃机使用燃烧室和火花塞来燃烧少量的燃料，由此产生的爆炸能带动汽缸内的活塞进行上下运动，活塞带动曲轴从而可使带动汽车的车轮进行转动。柴油发动机可以将柴油加热到一个很高的温度，而无需火花塞进行点燃。

大多数的陆地行驶车辆都使用图中所示的四冲程内燃发动机。

蒸汽机

蒸汽机是在外部燃烧室内燃烧煤炭或者木材，产生的热量被用来加热水形成蒸汽，之后蒸汽进入发动机推动活塞，活塞的上下运动可以带动机器的轮子。今天的蒸汽机主要被用来发电，而现代的蒸汽涡轮机生产的电量约占世界总发电量的80%。

在18世纪以及19世纪，燃烧煤炭的蒸汽机被用来为大型工业机器来提供动力。世界上第一台蒸汽机车是由理查德·特里维在1803年建造的。

火箭发动机和喷气发动机一样产生热气体，但是并不是使用空气，而是使用液态氧气来燃烧燃料，这有助于燃料在太空环境中燃烧。火箭通常都会携带充足的液态氧来保障动力。

有趣的事实

火箭发动机产生的气体的温度能够达到3371摄氏度，所以制作发动机需要使用特殊材料来保证其在高温下不会熔化。

更多相关知识 ▸ 能量和力24-25 ■ 运动和力36-37 ■ 汽车和摩托车188-189

汽车和摩托车

汽车和摩托车是方便人们出行的常用工具，两者都有轮子以及汽油、柴油或者电动发动机，而且通常能够容纳1—8个人。目前世界上有超过8000亿辆汽车以及摩托车。

德国发明家卡尔·奔驰制造了世界上第一辆车，但是直到1908年，企业家亨利·福特才向公众推出了第一辆可以大批量生产的汽车，也就是福特T型车。世界上第一辆摩托车于1885年在德国发明，叫做石油轻骑。

赛车有非常强大的发动机，可以比大多数汽车跑出更快的速度。

第一辆使用汽油内燃机的摩托车是石油轻骑，它由戈特利布·戴姆勒和威廉·迈巴赫在1885年于德国制造的。这辆摩托车可以达到10英里每小时的速度，而且这种型号的摩托车仅仅生产了一辆。

摩托车

摩托车是世界上最为常见的内燃机，它的用途十分广泛，从长途跋涉到泥道赛车。现在的大部分摩托车是建造在一个钢或者铝制的框架上，并且拥有一台汽油发动机。发动机上燃烧室的大小决定了摩托车动力的大小。像轻便摩托车这样小型的摩托车有一个大约50毫升的燃烧室，而更大型的摩托车，比如超级摩托车，则有一个约1500毫升的燃烧室。

有趣的事实

1924年，一辆福特T型车的价格约为265美元，人们称其为"Tin Lizzie"，其中"Lizzie"一词在俚语中是指可靠的仆人的意思。

卡尔·奔驰的奔驰一号车有三个轮子，拥有每小时10英里的最高速度。奔驰一号车噪音很大，而且会产生异味，司机驾驶起来也会十分颠簸。卡尔·奔驰的妻子贝尔塔在1885年驾驶了这辆车，也让她成为了驾驶该车的第一人。

汽车

内燃机的出现带动了汽车的革命，尽管第一款出现的汽车噪音大、颠簸而且昂贵，今天的汽车噪音小，可靠而且易于驾驶。多数汽车使用四冲程发动机，通过燃烧柴油或汽油来推动活塞上下运动，带动汽车的曲轴和齿轮，从而带动车轮转动。和以往相比，现在的汽车采用更为先进的齿轮系统，能够让车轮以不同的速度旋转，这可以让汽车更为有效地转弯。

世界上汽车的庞大数量导致了环境的高度污染，这对自然环境造成了严重的伤害。不同于汽油，电动车使用可以进行充电的电池发动机。电动车不会排放有毒气体，因此不会污染空气。

更多相关知识 ▸ 能量和力24-25 ■ 运动和力36-37 ■ 道路、桥梁和隧道144-145

火车和卡车

火车和卡车都拥有强大的发动机，可以在陆地上运输重物。卡车可以拖载货物，如食品和汽油，火车的车厢可以携带煤炭、汽车，也可以用来载客。

第一辆成功的蒸汽机车是于1829年在英国制造的，它的名字叫火箭，每小时在钢轨上可以行驶48公里。在19世纪以及20世纪，蒸汽机车都占据着主导地位，直到使用柴油和电力的火车出现。德国发明家戈特利布·戴姆勒在1896年发明了第一台电力机车。

↑ 许多大城市都开通了地铁网络，以帮助人们轻松地在城市中出行。地铁网络通常采用电动轨道，并由四条或者更多的线路相连组成。伦敦拥有世界上最古老的地铁系统，它早在1863年就已经开通运营。

火车

大多数火车沿着钢轨运行，并且采用柴油动力或者通过架空电线获取电力。单轨列车沿着单一的轨道运行，磁悬浮列车借助于底部的强力磁铁悬浮于轨道之上。载客机车拖有很多车厢来让乘客乘坐，货运机车则拖有盛满货物的车厢。许多现代的火车使用高速铁路，例如日本的子弹头列车，它能够达到超过320公里/时的速度。世界上最快的火车是法国的TGV，曾经跑出了575公里/时的速度。

↓ 磁悬浮列车在铁轨上方安装了强大的磁铁，采用了磁悬浮（或短磁悬浮）的技术。磁悬浮列车比轮式列车更快速，更流畅和安静。它被认为是未来铁路系统的主导，并成为有史以来最快的列车。

半挂车或铰接式货车是最大的载货卡车，它们身后拖有一个或多个拖车，并经常被用于长途运输。

卡车

现代卡车或货车，有各种不同的形状、大小和类型，其中包括消防车、混凝土搅拌机、汽油罐车和皮卡。所有卡车都采用汽油或柴油内燃机，通常被用于商业用途，如运输货物。几乎所有的卡车都建造于底盘之上并且拥有驾驶舱，以及存放货物或附加设备的空间。许多卡车还拖有一个或多个拖车来承载更多的负荷。

消防车的主要任务是将一队消防队员运送到火灾现场，大多数消防车装有警报器来提醒人们，上面的梯子则可以让消防队员到达高层或从高处使用水管扑灭火焰。消防车上还配有斧子、刀具、泛光灯和呼吸器等设备。

有趣的事实

世界上最长的火车之旅是俄罗斯的跨西伯利亚特快，它全程需要八天，轨道总长约9258英里，其中包括97个火车站。

更多相关知识 ▸ 电26-27 ■ 运动和力36-37 ■ 道路、桥梁和隧道144-145

工程机械

一些世界上最大的机器是用在建筑行业，它们可以移动成千上万吨的土方，可以举起巨型的石块。工程机械强壮，功能强大，能够承担巨大的负载。

工程机械通常是以它们的工作来进行划分的，例如起重、挖掘、搬运或钻探。任何建筑工程的第一步就是土方的挖掘，因为几乎所有的建筑物都建在钢材和混凝土建造的坚实地基上。推土机配合轮式装载机可以将土方挖出，并运送到自卸卡车上，从而将土方运出施工现场。之后，起重机等起重设备可以将沉重的建筑材料运送到施工现场。

➔ 隧道掘进机被用来挖掘岩石和土方以建造深层隧道，例如英国和法国之间的英吉利海峡隧道。隧道掘进机装有一个旋转的切割钻头以及推动其前进的动力系统。

➔ 越野自卸卡车，通常用于起吊和移动沉重的建筑材料。根据卸载的方式不同，它们分为底部和侧面的自卸卡车。重达203吨的利勃海尔T282B是目前世界上最大的自卸卡车。

液压机械

大多数工程机械，包括推土机、轮式装载机、起重机，都是由液压动力驱动的。高压的液压油通过液压管，进入液压缸来推动活塞，从而驱动机械。液压可以提供极大的力量来进行举起、推动或者挖掘工作。除了驱动一台机器的工作装置，例如挖掘机的铲斗，液压装置也可以为机械提供动力，如驱动车轮。

巴格尔288是世界上最大的斗轮挖掘机，同时也是有史以来最大的履带机械。它身高95米，长215米，重达13500吨。

有趣的事实

为了建造美国西雅图的太空针塔，出动了467辆混凝土搅拌车并花费了12小时才完成了深基坑的浇筑工作，这个深基坑深9米，宽36米。这是美国历史上最大的连续混凝土浇注工程。

履带

工程机械需要使用专用的轮胎或履带，才能在布满岩石、凹凸不平的施工现场正常工作。最常见的履带被称为连续履带，通过将独立的部分组合在一起，可以将机械的重量平均分配，让其不会下沉或者深陷在软土当中。为了适应不同的施工环境，工程机械一共有六种轮胎，分别适应坚硬地面、柔软地面、岩石地面等环境。

Thialf是世界上最大的半潜式起重船，它拥有两台起重机，可以承受14200吨起重重量。

更多相关知识 ▸ 运动和力36-37 ■ 建筑材料和技术142-143

船舶

人类乘坐船舶在海洋、河流和湖泊上移动已经有了几千年的历史，最早的船舶是靠桨和帆在水上移动，但现在的大型船舶多采用发动机以及螺旋桨来进行驱动。

已发现的最古老的船是可以追溯到大约8000年前的独木舟。从公元前4500年开始，古埃及人就用简单的纸莎草和芦苇制作筏子和木帆船。公元前500年，古希腊人发明了装有两面帆的船舶，到了16世纪，大型帆船被用来探索新世界。到了19世纪，帆船逐渐被采用蒸汽发动机和螺旋桨的船舶所取代。

海盗艇被用来入侵欧洲的许多沿海村庄，并被用来震慑人们。它使用30多个桨以及帆，所以是当时水上最快的船只。

轮船

现代船舶的动力由发动机提供，可以进行横跨大洋的长途跋涉。世界上最大的船舶是超大型油轮以及集装箱船，用于运输石油和大型集装箱，这些大型船舶需要小拖船来协助引导它们进港。邮轮是人们在海洋上度假的大型船舶，最大的邮轮可以携带超过6000名游客，上面有餐馆、商店、游泳池、电影院，甚至船上花园。

气垫船使用气垫在水上移动，气垫船通常被用来作为渡轮进行短距离运输。气垫船多采用大型螺旋桨驱动，可以在水上甚至陆地上行进。

皮艇是轻便、中空的船只，适合一个或两个人使用，驾驶皮艇的人使用一个长桨来为皮艇提供动力。早在几千年前，爱斯基摩人就建造了皮艇，从而在北极海域上捕鱼。

小船

小船通常是为湖泊、河流和沿海地区设计的小型船只。一些小船会出海，例如渡轮和渔船。小船的主要组成部分是船体，它可以让船漂浮在水上，船只同样会有甲板以及称为客舱的空间。早期的小船是使用原木、芦苇和兽皮制作的，而过去一个世纪中修建的大部分船只都是由钢、铝或玻璃纤维制作的。

试一试

你可以试试这个实验，来让水上的火柴移动。

你将需要：一瓶洗洁精、一些火柴、一塑料碗水。

1：将几根火柴放入水中。

2：向碗中央导入少量洗洁精，观察火柴移动。

火柴之所以移动，是因为洗洁精会在水面形成薄膜，从而推动周围的一切远离它，这就是所谓的表面张力。有些船使用电脉冲来形成表面张力，从而使船可以移动。

舢板是一种装有竹桅杆的中国帆船，它最早出现在公元前200年左右。舢板在今天仍然被普遍使用，尤其是中国的沿海地区，舢板通常被用来运输食品和货物。

更多相关知识 ▸ 运动和力36-37 ■ 海洋58-59 ■ 导航200-201

潜艇

潜艇是可以在水下以及水面进行作业的远洋船只。潜艇大小不等，从小型的潜艇到能够在水下停留几个月的大型潜艇。

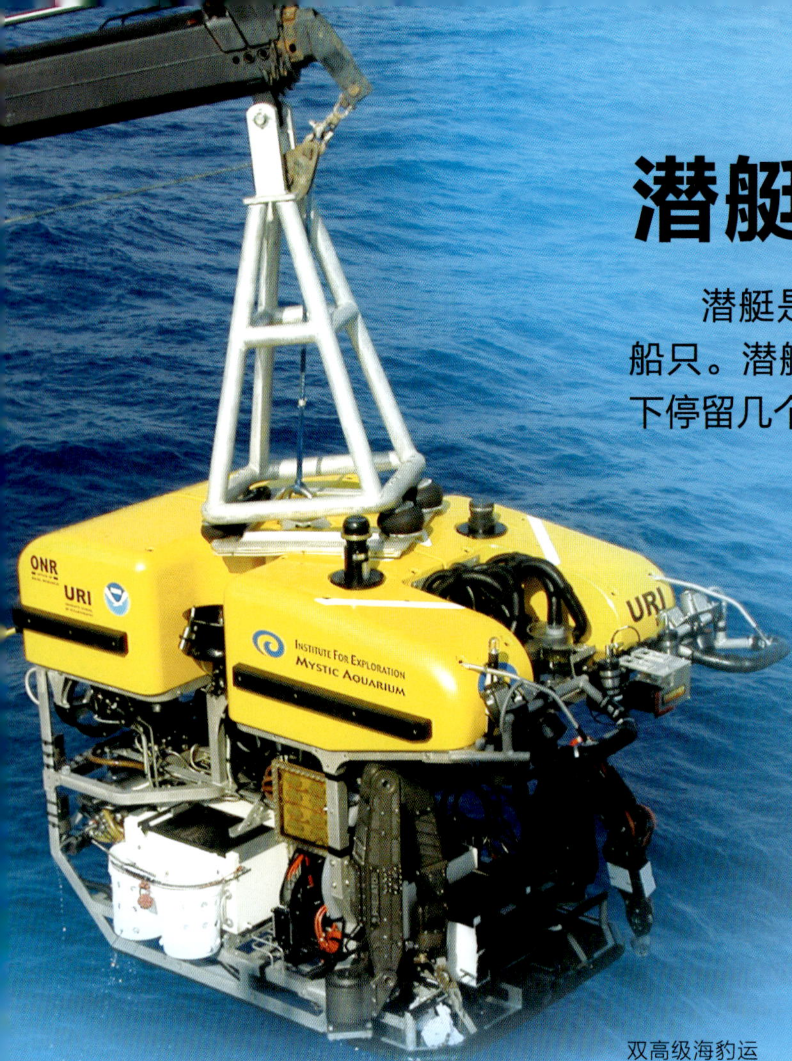

潜艇外形修长，类似于一根雪茄，通常使用钢或钛制成。小型潜艇使用电动或电池马达驱动，大型潜艇则采用核动力。潜艇使用螺旋桨和鳍引导进行向上或向下的移动。潜艇的载水舱装满水之后，潜艇就会下潜，而当其被压缩空气充满之后，潜艇就会上浮。船员通过一个指挥台进出潜艇，其中还设有潜艇的通信设备以及潜望镜。

↑ 潜水器是一种小型潜艇，用来完成诸如探索珊瑚礁或沉船等研究工作。潜水器通常能够容纳一或两个人，或者通过远程进行控制。许多潜水器通过绳索同船只连接到一起。

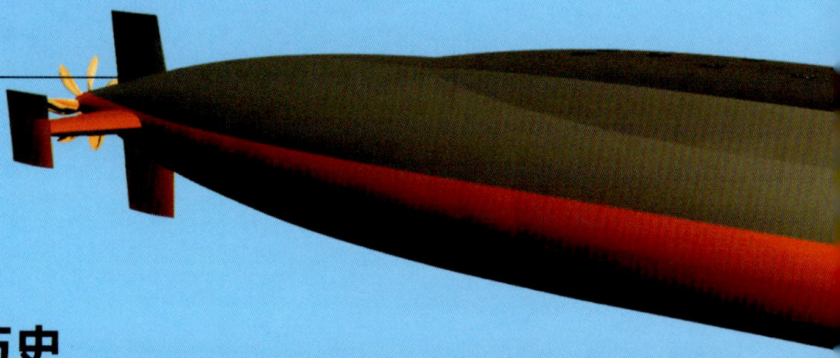

双高级海豹运输系统和干甲板输送舱

历史

科内利斯·德雷贝尔在1620年发明了第一艘潜艇，这艘潜艇使用桨来提供动力。1776年，大卫·布什内尔发明了名为“乌龟”的潜艇，这艘潜艇由一人驾驶，使用螺旋桨提供动力。在美国南北战争期间，各种潜艇被试用，但是直到1875年，爱尔兰工程师约翰·霍兰德制造了一艘成功的潜艇的模型，叫做霍兰德号。它在水下采用电动马达提供动力。第一次以及第二次世界大战期间，鱼雷潜艇舰队开始增多。到了1958年，世界上出现了第一艘核潜艇鹦鹉螺号核潜艇。

← 俄罗斯台风级潜艇是有史以来建造的最大的潜艇。它可以在海上度过120天，并下潜到500米；它还能够破冰，进行180度转头，并容纳150人。172米长的台风级潜艇携带了20枚弹道导弹，能打击12000公里外的目标。

战争作用

潜艇是强大的战争机器，因为它们可以潜在水下，对敌人保持隐蔽。大部分潜艇的设计是出于军事目的，在两次世界大战期间，潜艇布雷被证明是有效的水下打击手段，可以用鱼雷来摧毁敌方军舰以及潜艇。今天，许多潜艇是核动力潜艇，并且携带了核武器，这使潜艇能够发射载有核弹头的弹道导弹，能够打击数千公里外的目标。

➔ 想要发现敌方潜艇或目标，需要使用声纳声音导航和测距系统。潜艇的声纳系统在水中发射声波，当它碰到物体后会反射回来，通过计算花费的时间就可以计算出目标的距离。

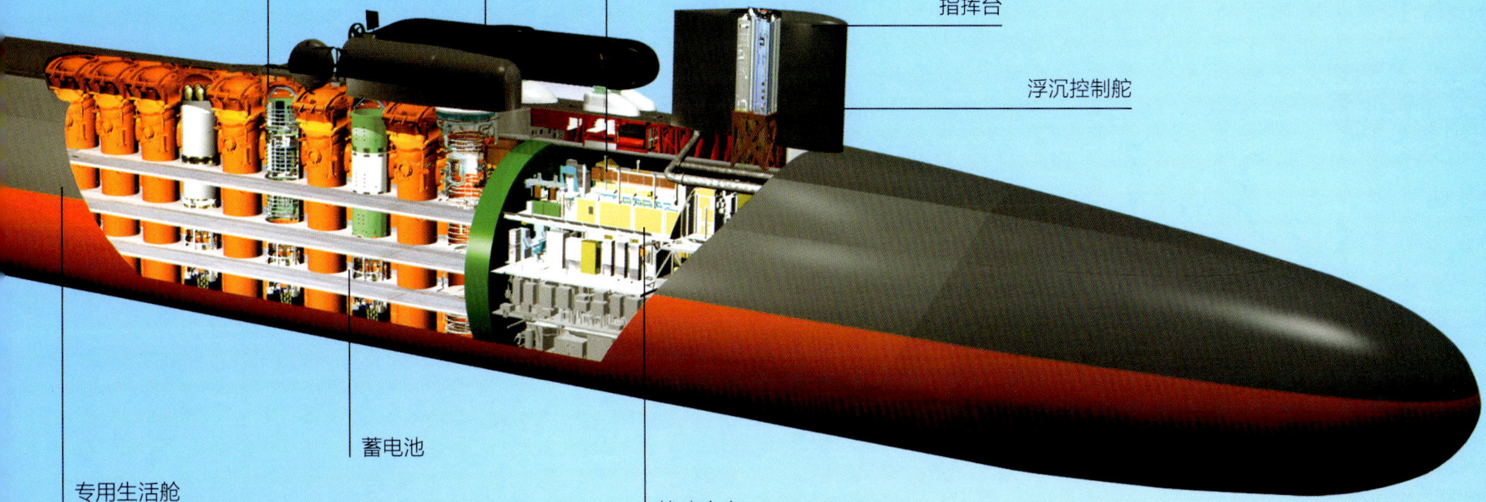

有趣的事实

世界上第一艘核动力潜艇为鹦鹉螺号核潜艇。它曾经陷入一个渔网，并将渔船拖出了数英里外，但却并没有意识到。

➔ 潜艇内部的氧气来自于氧气罐，或者能够使用水制造氧气的氧气生成器。潜艇能从海水中提取淡水，除了用来冷却设备之外，还能被用来作为饮用水。

更多相关知识 ▸ 万有引力和相对论22-23 ■ 海洋58-59 ■ 导航200-201

飞行器及飞行

现在天空中到处都是载满乘客和货物的飞行器在进行长距离的快速飞行。飞行器有很多种种类，包括长途客运飞机、直升机和热气球。

飞机能飞行是因为它们有特殊形状的机翼，机翼的上面弯曲而底面平整，鸟类的翅膀同样是这种形状。当气流从机翼旁通过时，就会将飞机托起来。飞机上装有螺旋桨或者喷气发动机，这可以确保有源源不断的气流流过机翼，从而使飞机能够高速的飞行。飞机有一个金属的身体，叫机身，还有称为垂直尾翼的背鳍，飞行员乘坐的驾驶舱，以及称为起落架的轮子。

空中客车A380是目前世界上最大的客机，最多可搭载853人。空中客车是用来进行长途跋涉的，这被称为长途飞行，在再次补充燃料之前，它可以飞行长达12000公里的距离。

直升机

直升机使用旋翼进行飞行，而不是机翼。旋翼上的桨叶类似于机翼，通过旋转可以将直升机抬起来。当桨叶向前倾斜时，它就会带动直升机向前飞行。直升机尾翼上的小旋翼能够使其保持平衡并可以帮助直升机转身。直升机能够向上、下、前、后四个方向飞行，也能够悬停在空中，这样可以进行救援行动。

直升机适合进行救援工作，因为它们可以悬停在空中并前后移动。

历史

千百年来，人类一直在寻找一种方法来像鸟一样飞翔。1783年，法国孟格菲兄弟乘坐他们制作的热气球完成了人类第一次自由的飞行。1852年，工程师亨利·吉法尔发明了蒸汽动力的飞艇，并进行了人类第一次有动力的、轻于空气的、持续的飞行，他当时飞行了27公里。莱特兄弟设计并制造了第一架飞机，叫做飞行者一号。奥维尔·莱特在1903年进行了人类第一次有动力的、重于空气的飞行，持续了12秒。在第一次世界大战中，战斗机以及轰炸机开始在战场上使用。1929年，人们发明了喷气式飞机，从而为现代的大型飞机的出现提供了基础。

热气球是由热气体提供动力。热气球内的气体通过燃烧被加热，从而使气球上升。乘客乘坐悬挂于气球下的篮子，里面同样装有燃料箱以及燃烧器。

滑翔机没有发动机，它借助于气流来实现飞行，滑翔机通常是由一架飞机通过线缆带动进行起飞。最长的滑翔机飞行纪录超过965公里。

更多相关知识 ▶ 空间探索20-21 ■ 万有引力和相对论22-23 ■ 发动机186-187

导航

导航是指确定自己的方位并获取到达目的地的最佳路线。千百年来，水手们依靠观星来进行导航，而现在，船舶、飞机和汽车通过卫星来进行导航。

尽管电子设备和卫星被通常用于导航，但是传统的方法仍然没有被淘汰。指南针是最为简单的导航工具。它由一枚磁化的针组成，这枚针始终指向北方。罗盘是更为精确、机动的指南针。水手们通常通过之前的位置以及船的航行速度来确定当前所处的位置。

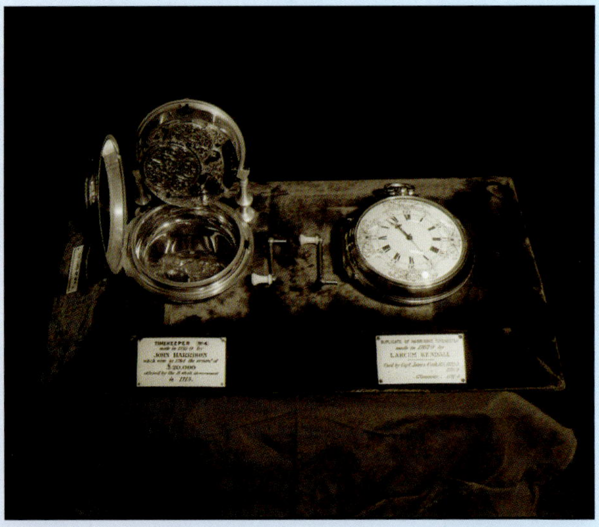

航海经线仪是由约翰·哈里森在1759年发明的。它可以不受天气或大海影响，保持船舶上的精确时间。船舶处于的经纬度随后就可以根据时间以及恒星、行星和太阳的位置来计算出来。

历史

最早出现的导航仪是水手，他们每天都会旅行并使用熟悉的地标来引导自己。水手们也使用太阳、北极星以及星座的方位来确定南北方向以及计算经纬度。和航海图（海洋和沿海地区的地图）一样，第一枚指南针也出现在13世纪。十杆照准仪、六分仪等测量距离的设备是在15世纪被发明的。1759年，人们发明了航海经线仪，可以通过它获取精确的时间，并计算出所在位置的经纬度。到了20世纪，人们发明了电子导航设备。

航迹推算是根据船舶之前的方位以及它的行驶速度来计算其当前的方位。它也可以帮助人们推算出日出、日落以及到达目的地的时间。

试一试

你可以通过这个实验来制作一个简单的罗盘。

你将需要：一个缝纫针、一块磁铁、一块软木、一杯水。

1.将针在磁铁上沿一个方向摩擦几次。

2.将针插入并穿透软木。

3.将软木漂浮在杯中的水上。

软木将指向最近的地极，北极或南极，这取决于你所在的地方。这个实验的原理是地球磁场对所有磁性物体都会施加力量。

六分仪是水手用来测量两个物体之间角度的仪器，比如太阳与地平线的角度，这样可以帮助水手确定船舶在地图上的位置。

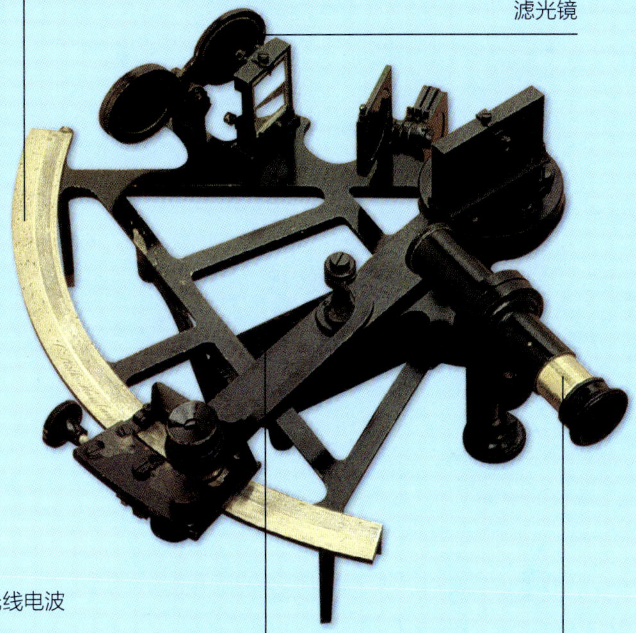

雷达（无线电探测和测距）能够通过发射无线电波来定位对象。返回的信号可以帮助确定对象的尺寸、距离以及速度。

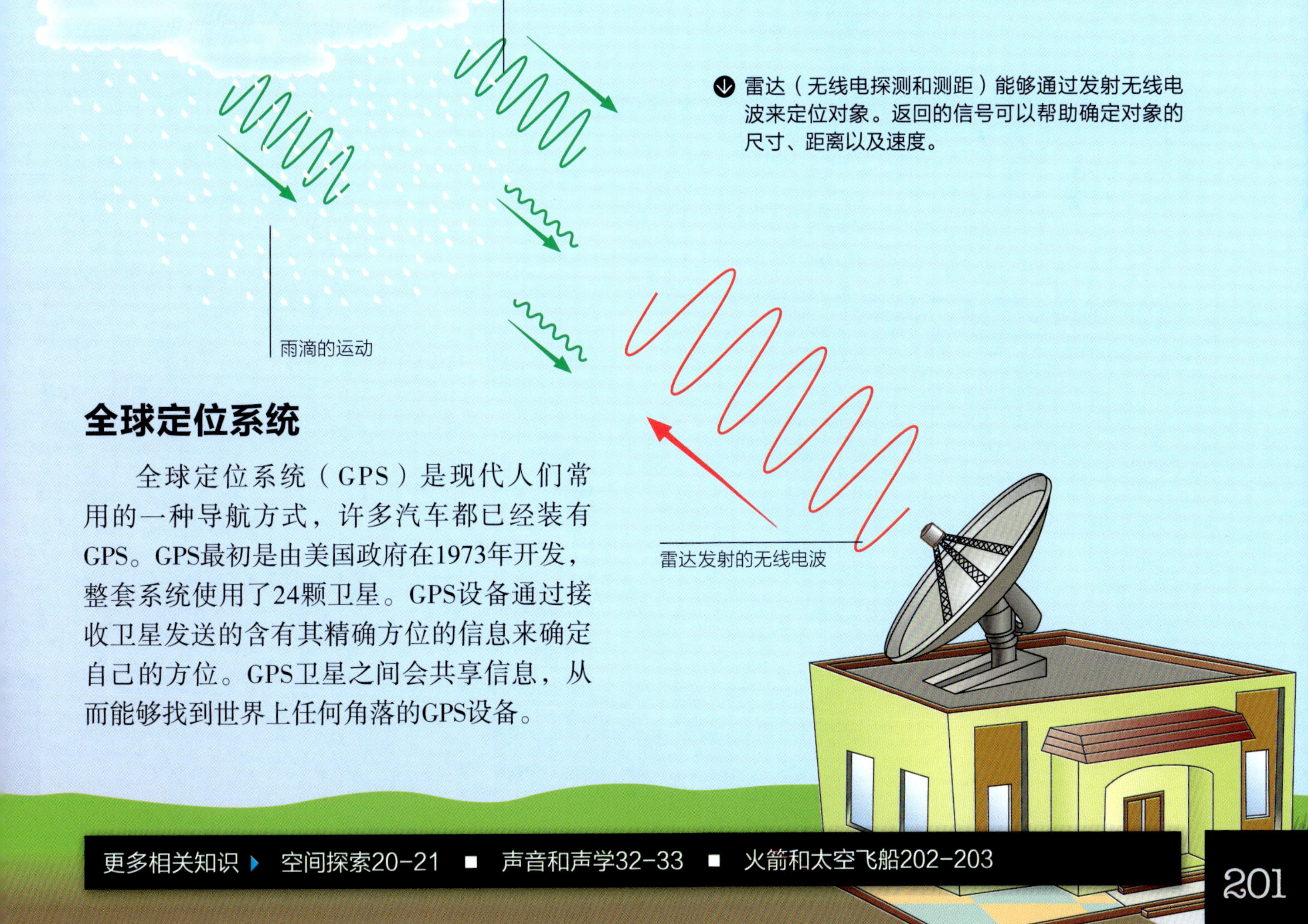

全球定位系统

全球定位系统（GPS）是现代人们常用的一种导航方式，许多汽车都已经装有GPS。GPS最初是由美国政府在1973年开发，整套系统使用了24颗卫星。GPS设备通过接收卫星发送的含有其精确方位的信息来确定自己的方位。GPS卫星之间会共享信息，从而能够找到世界上任何角落的GPS设备。

更多相关知识 ▸ 空间探索20–21 ■ 声音和声学32–33 ■ 火箭和太空飞船202–203

火箭和太空飞船

借助于强大的引擎，火箭可以穿出地球大气层而进入外太空。火箭的种类有很多种，例如载人航天飞机、驶向太空深处的无人探测器。

火箭是由燃料箱和弹头组成。燃料箱占据了火箭约四分之三的体积，而弹头则是火箭运载的物品，例如卫星。当火箭的引擎点燃燃料和氧气的混合物，产生的巨大的向上推力就可以使火箭发射升空。在降落前，火箭的燃料箱是按阶段来使用的。火箭需要达到超过40000公里/时的速度才能挣脱地球引力的束缚而冲出大气层进入外太空。

航天飞机

航天飞机是运送宇航员、探测器和卫星进入太空的飞行器。航天飞机的发射需要借助于两个大型运载火箭，一旦航天飞机发射成功，它们就会坠回地球。航天飞机不像其他的火箭，它是可以反复使用的，这就意味着它可以凭借自身的动力回到地球然后像飞机一样着陆。航天飞机进入太空通常是为了发射卫星或者进行维修，航天飞机也可以和国际空间站进行对接，在那里宇航员可以进行更长期的工作。

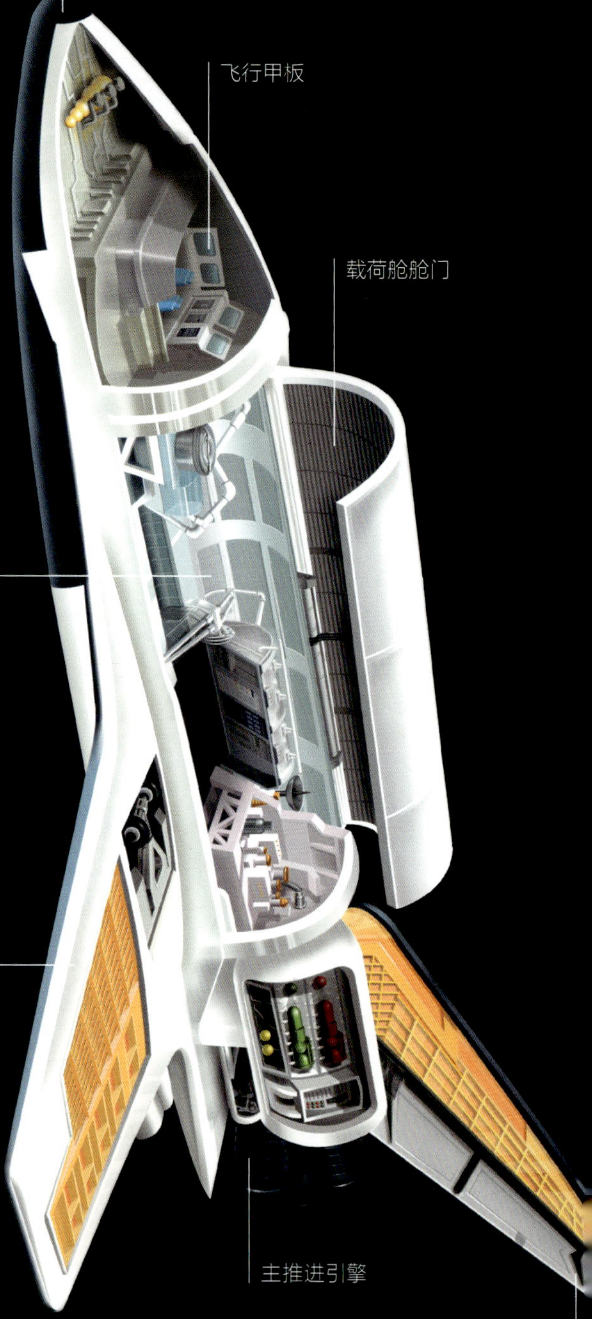

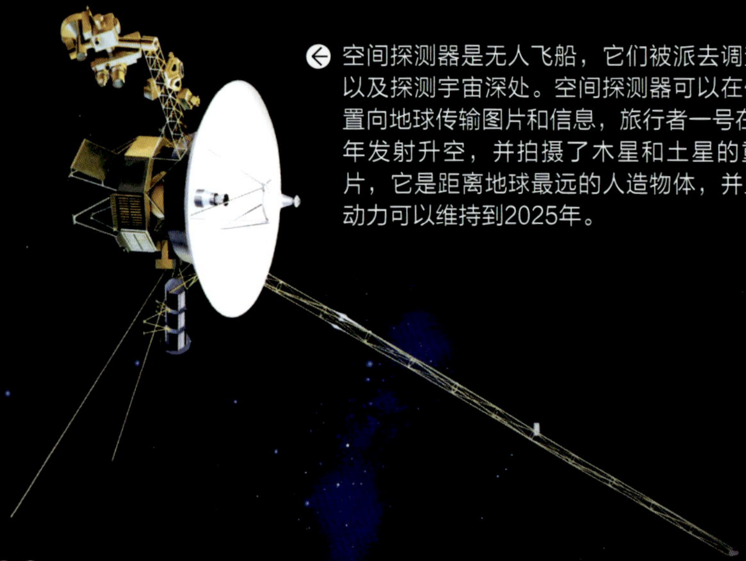

空间探测器是无人飞船，它们被派去调查星体以及探测宇宙深处。空间探测器可以在任何位置向地球传输图片和信息，旅行者一号在1977年发射升空，并拍摄了木星和土星的重要图片，它是距离地球最远的人造物体，并且它的动力可以维持到2025年。

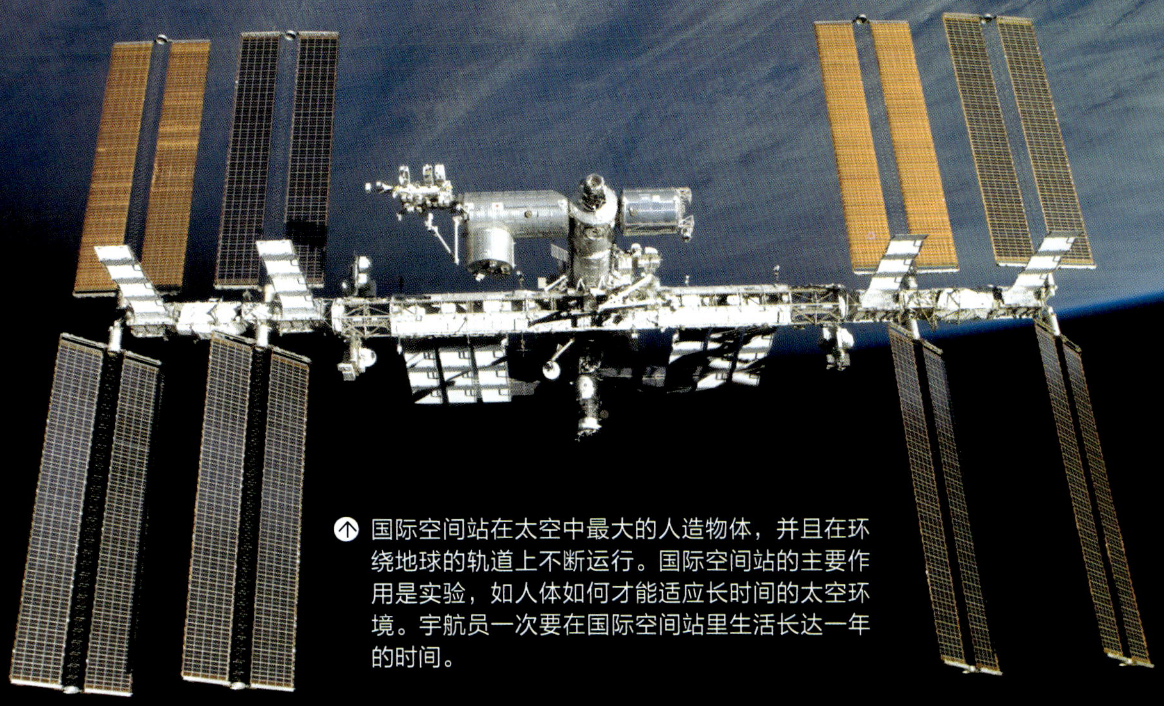

国际空间站在太空中最大的人造物体，并且在环绕地球的轨道上不断运行。国际空间站的主要作用是实验，如人体如何才能适应长时间的太空环境。宇航员一次要在国际空间站里生活长达一年的时间。

太空竞赛

1957年，俄罗斯的第一枚火箭发射到太空，并将卫星斯普特尼克一号送入太空，这也拉开了苏联同美国之间的太空竞赛。1961年，苏联用东方一号将尤里·加加林送入太空，使他成为进入太空的第一人。美国也不甘示弱，阿波罗11号于1969年升空，并且完成了人类登月的壮举。而如今，这两个国家在太空领域进行合作，他们都派遣宇航员驻扎在国际空间站一起进行研究工作。

有趣的事实

游客可以花钱来进行太空旅游。2001年以来，已经有七名游客进入了太空，并在国际空间站内停留了15天。每张太空旅行的机票价格大概在1200万至2200万英镑之间。

卫星是发送到太空并在绕地球的轨道上运行的小型飞行器。卫星通常有特定的功能，例如将气象信息或监控图像发送回地球。卫星同样可以用来进行全球定位以及向全球各地广播电视节目。

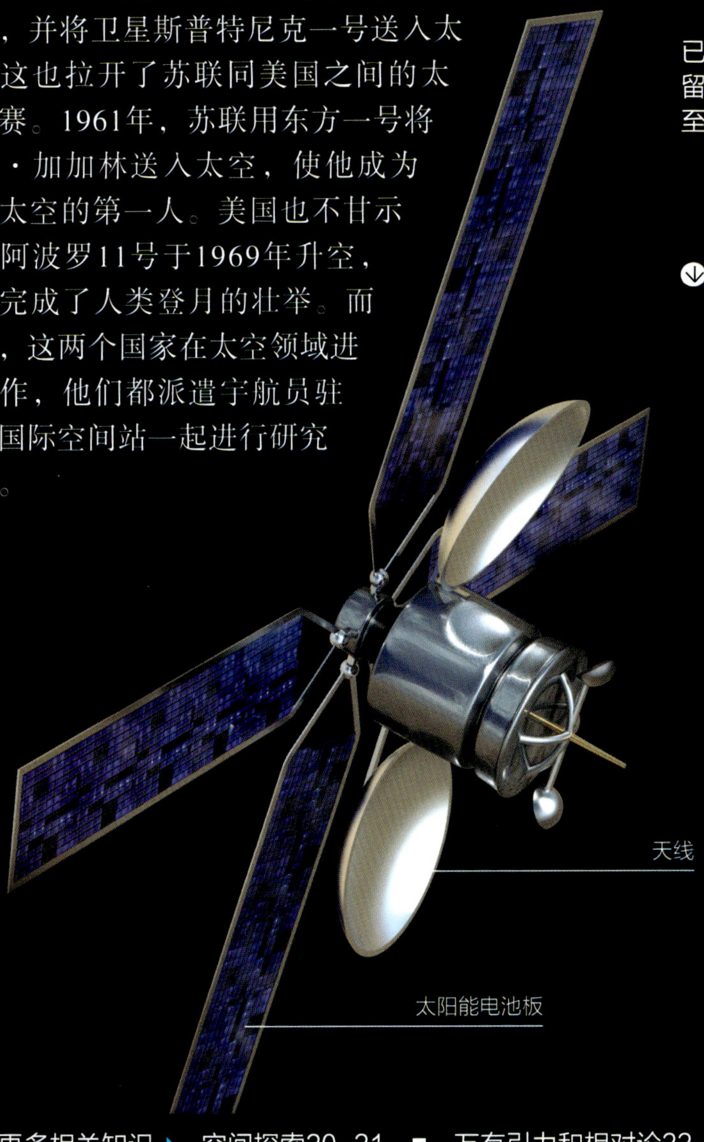

更多相关知识 ▸ 空间探索20-21 ■ 万有引力和相对论22-23 ■ 导航200-201

测量

测量是使用数字来对物体的长度、重量、温度或体积来进行衡量。测量可以帮助我们烹制蛋糕、建造树屋，还能让我们知道学校多久能够建成。

为了正确完成测量工作，人们必须统一一套标准，法国的一米应该同巴西的一米长度相同。为了做到这一点，全球的所有国家统一制定了一套普遍的标准，这就是所谓的国际单位制，它是以公制为基础的。公制使用米来衡量长度，升来衡量体积，克来衡量重量，秒来衡量时间，开氏温度或摄氏温度来衡量温度。

↑ 英制是大英帝国所使用的测量系统。该系统采用英制单位，包括码、英寸和品脱。前大英帝国的多数成员国都已在20世纪改为公制，虽然美国仍然在使用英制。

测量装置

一个物体是通过设备以及数学来进行衡量的。长度可以使用直尺或卷尺测量，裁缝需要测量顾客的腿长来确保裤子的长度合适。物体的重量可以通过秤来测量，人们通常在浴室磅秤上测量自己的体重。时间可以通过钟表或手表来测量，人们通过看表来知道是不是该回家了。温度可以使用温度计来测量，医生可以使用体温计来测量病人的体温。

→ 日晷是一个古老的计时仪器，它根据太阳的位置来计算时间。当太阳照射到一个称为时针的杆子上时，表盘上就会投下它的阴影，阴影在表盘上对应的刻度就可以告诉我们正确的时间。

有趣的事实

- 地球周长：40075公里
- 从地球到月球：405696公里
- 从地球到太阳：149597890公里

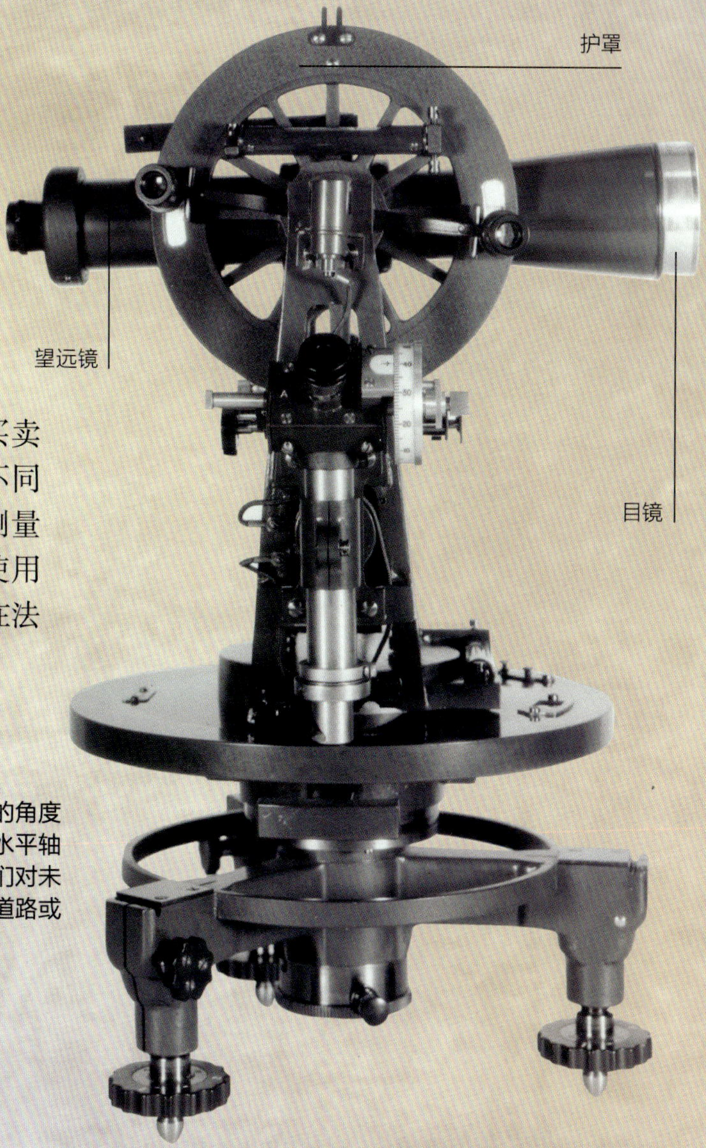

历史

自古以来，人们就学会了测量。这样才能买卖物品、建造房屋、称量食品。人们使用了很多不同形式的测量。古埃及人使用他们的前臂或手指测量长度，并使用太阳和月亮来计算时间。他们还使用刺槐种子来衡量物体的重量。公制系统是1791年在法国确定，并在20世纪60年代被确立为国际单位制。

➔ 经纬仪是用于测量不同点之间的角度的仪器，该仪器由一个垂直和水平轴以及望远镜组成。它有助于人们对未来的建设进行规划，例如新的道路或城镇。

↑ 在古代的雅典，商家需要根据官方的标准来测试他们的测量设备，国家会派出官员来检查商家卖出的货物是否足量。

更多相关知识 ▸ 建筑材料和技术142-143 ■ 导航200-201

家用技术

技术使我们能够建造摩天大楼、将人类送入太空，也能使我们的家庭生活变得更为轻松。现代家居技术提高了我们的空闲时间，并为我们提供了娱乐的消遣方式。

我们如今使用的大部分家用技术在100年前都是不存在的。1910年，大多数家庭没有电话、冰箱，甚至没有电；直到20世纪30年代，洗衣机、冰箱和烤面包机才被广泛使用；到了20世纪70年代，洗碗机、微波炉和食品加工机走进了千家万户。

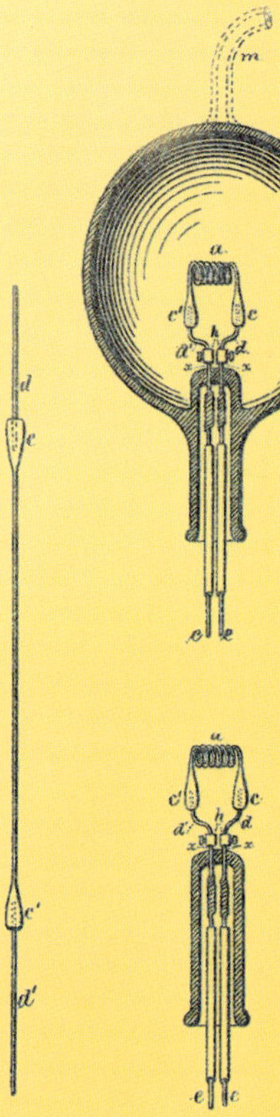

发明家托马斯·爱迪生在1879年发明了可以长期使用的灯泡。这意味着拥有电力的任何家庭都可以放弃以前的照明方式，如蜡烛和煤油灯。

冰箱于1915年首次推出，但是直到20世纪30年代前，冰箱并没有被广泛使用。冰箱凭借围绕在管道里的制冷剂液体来保持低温，这就可以使食物和饮料保持很长时间的新鲜。

家庭娱乐

家用技术在20世纪的发展让人们的家务变得轻松，也给了人们更多的闲暇时间，之后出现了更多的发明来帮助人们在闲暇时间进行娱乐。从20世纪20年代开始，普通的无线电广播开始走进家庭，人们可以在家里收听到新闻、天气以及娱乐节目。40年代开始，电视逐渐被广泛使用，而电影录像带在70年代进入市场，这就意味着人们可以租借录像带并在家中观看。70年代以及80年代开始，家用电脑的逐渐风靡进一步推动了家庭娱乐的发展。

商用吸尘器出现在20世纪初，并且在50年代变得司空见惯。早期的吸尘器非常笨重，有时还需要人们费很大的力气才能吸到灰尘。

微波炉烹饪食物时使用的是电磁波，它会由内而外地烹饪食物，而不像传统的烤炉那样由外而内地烹饪。微波是烹饪、加热和解冻食物的一种便捷的方法。

智能家居

20世纪的家用产品技术主要着眼于家庭里面的家用电器，而21世纪的技术则着眼于人们不在家时对家居的控制。智能家居让人们能够在自己的手机上来远程遥控住宅，这就意味着人们可以录制电视节目、打开一盏灯或者通过监控摄像头来监控住宅。智能家居同样可以让人们更实惠地使用电器，比如当电价最低时打开洗碗机。

有趣的事实

新的家用技术不断地为人们提供让生活更轻松的方法，例如名为机器吸尘器的机器人，它可以利用传感器和计算机来自己在房子里完成清扫工作，而不需要人的帮助。

今天的厨房通常配备电炉、橱柜、微波炉、冰箱、洗碗机、抽油烟机和其他电器，这就使得烹饪变得更容易。

更多相关知识 ▶ 电26-27 ■ 塑料158-159 ■ 电子168-169

医疗技术

纵观历史，医疗技术的不断进步有助于预防、治疗和治愈的疾病。从简单的温度计到机器人手术的发明，这些造福了人类，并且可以拯救生命。

在过去50年来，作为现代科技的一部分，医疗技术也发生了最伟大的突破。在仅仅200年前，简单的受伤就可能会导致感染和死亡，而今天，感染可以使用抗生素药物治疗，而受伤可以使用X射线扫描来诊断。一台生命维持机器可以帮助一个病人的身体继续运转，而手术可以通过在病人身上打一个微小的孔来实施。而类似轮椅这种简单的设备可以帮助病人好好地进行恢复。

失去四肢的人们可以配备人造的替代品，如腿和手臂。塑料的发展已经使假肢更强大和而且更仿真，超强碳纤维假肢就做到了这一点，例如残奥会选手奥斯卡·皮斯托瑞斯的“刀片”状假肢。

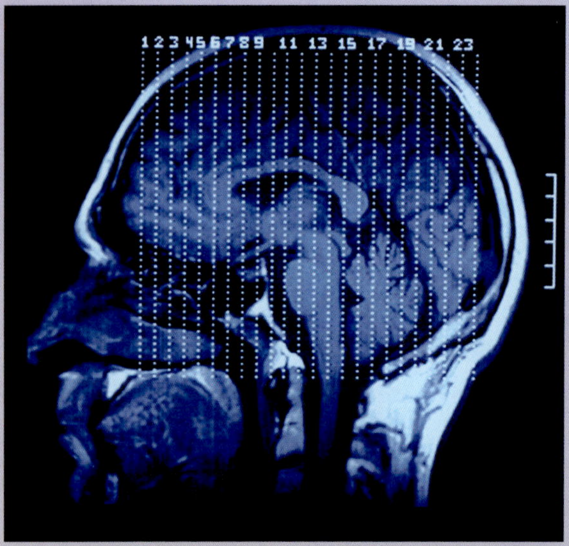

磁共振扫描能够利用磁场和无线电波，在无痛的前提下获取一个人的器官的图像。磁共振扫描经常被用来拍摄病人大脑的图像。

内视

1895年发明的X射线是一项重大的技术突破，医生从此不需要再剖开病人来查找病因。X射线使用电磁波穿透人体来拍摄其内部器官的照片，特别适用于查找断骨。利用磁共振扫描（MRI）和超声波，同样可以对病人进行内视，超声波通常被用来检查孕妇子宫内的婴儿。

手术

随着外科手术的不断进步，它已经尽可能的变得无痕、无痛。锁孔手术是通过在病人身上切开一个小洞，将装有灯和摄像头的内窥镜插入，这样就可以在屏幕上观察到病人的内部器官。之后，外科医生采用微型手术器械进行手术，并以屏幕为指导。外科医生有时也会采用机器人来进行手术，机器人是通过踏板以及操纵杆来控制的。

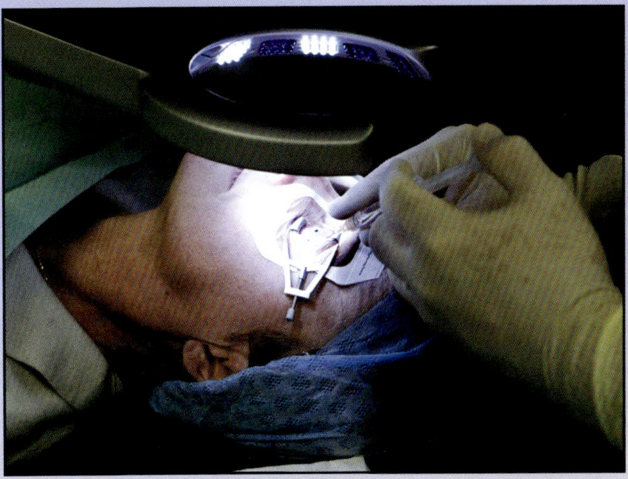

外科医生经常使用激光手术刀，以进行精准的手术，特别是针对眼睛和大脑的手术。激光束同样可以被用来汽化不健康的组织。

有趣的事实

假肢的历史已有几千年，考古学家曾经发现了一个拥有人造脚趾的古埃及木乃伊，这个脚趾是使用亚麻、胶水以及石膏制成的。

达芬奇系统允许外科医生借助机器人执行手术，机器人手臂上安装有手术工具、摄像头以及照明光源。外科医生通过特殊的镜片进行观察，并使用踏板和操纵杆来手动控制机器人进行移动。

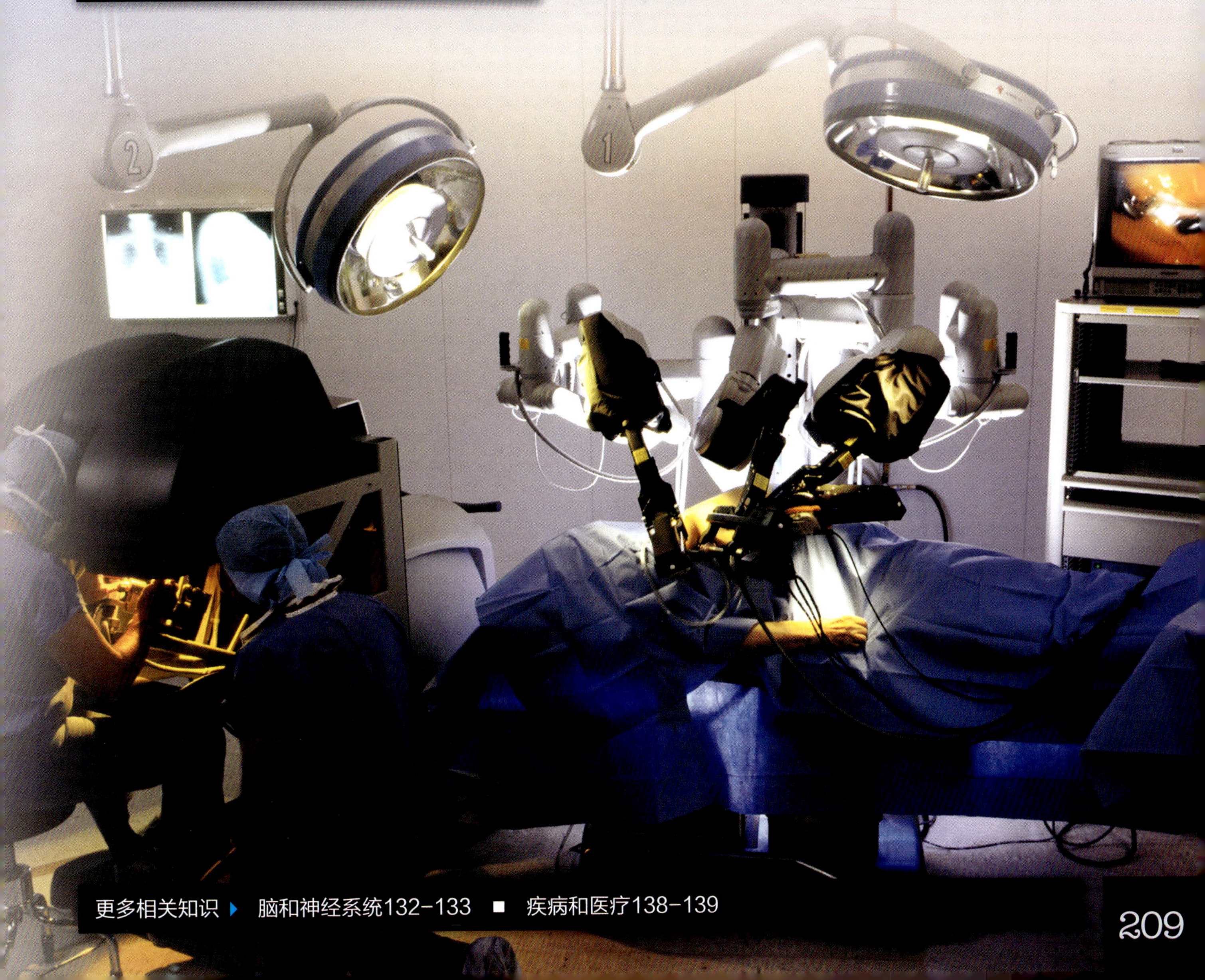

更多相关知识 ▸ 脑和神经系统132-133 ■ 疾病和医疗138-139

发明简史

1 1814年
乔治·斯蒂芬森
成功设计了第一辆
蒸汽机车

2 1819年
雷内·雷内克
发明了听诊器

3 1830年
法国人蒂莫尼埃
发明了第一台缝纫机

4 1837年
塞缪尔·莫尔斯
发明了电报

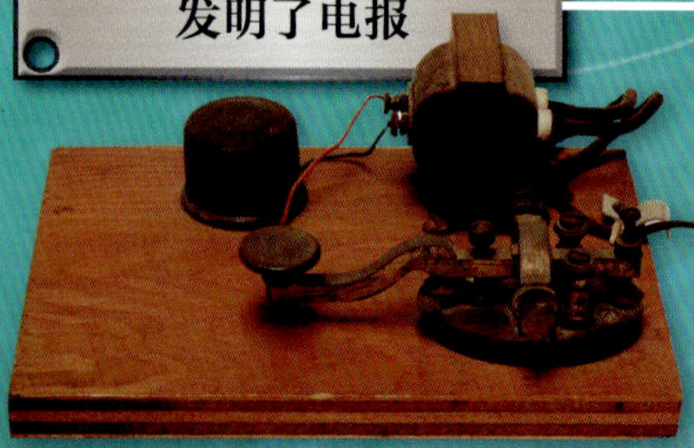

5 1867年
克里斯托弗·斯科尔斯
发明了第一台现代打字机

6 1868年
现代交通灯的雏形被发明。在伦敦，红色和绿色的旋转灯笼被用来指示行人。

7 1876年
亚历山大·格雷
厄姆·贝尔发明了电话

8 1891年
杰西·W.雷诺
发明了第一台自动扶梯

9 1895年
卢米埃尔兄弟
向观众播放了第一个动态的影像

10 1901年
第一台电动助听器诞生

11 1903年
莱特兄弟
发明了第一架飞机

12 1906年
第一个无线电广播诞生

13 1907年
手提式电动吸尘器诞生

14 1911年
威利斯·开利
发明空调系统

15 1920年
第一台冰箱问世

16 1922年
胰岛素及其在预防糖尿病中的作用被发现

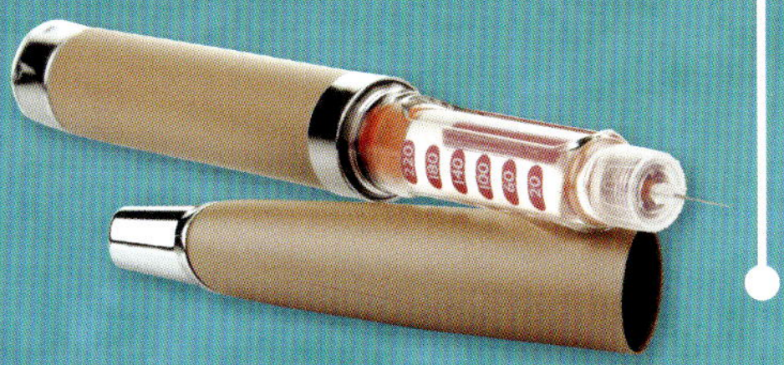

17 1927年
电视机出现

18 1928年
亚历山大·弗莱明发现青霉素

19 1932年
华特·迪士尼发布第一部有声动画片《花与树》

20 1939年
伊戈尔·西科斯基成功发明了第一架直升机

21 1944年
威廉·考尔夫发明了肾透析机

22 1945年
原子弹诞生

23 1947年
第一个晶体管出现

24 1951年
第一台磁带录像机问世

25 1954年
太阳能电池问世，专门用于为卫星提供动力

26 1958年
戈登·古尔德发现激光

27 1967年
第一台手持式计算器诞生

28 1969年
互联网出现

29 1970年
录像带、软盘问世

30 1972年
视频游戏、CD诞生

31 1982年
罗伯特·加维科发明了永久植入式人工心脏

32 1985年
微软发明Windows操作系统

33 1990年
蒂姆伯纳斯·李创建了万维网（www）、互联网协议（HTTP）和WWW语言（HTML）

词汇表

适应（adaptation）：为了生存而调整自身的结构、形态以适应环境。

羊膜囊（amniotic sac）：部分动物体内很薄的膜组成的囊状结构，内装发育中的胚胎。

风速计（anemometer）：用来记录风速和风向的仪器。

引水渠（aqueducts）：人工建造的用来传送水的通道。

干旱（arid）：缺少充足的水分或降水。

动脉（artilleries）：将血从心脏运出来的血管。

沥青（asphalt）：一种黑色的铺路材料。

宇航员（astronauts）：经过训练，利用航天飞行器进行宇宙飞行的人。

自体免疫（autoimmune）：有机体对抗自身细胞的免疫反应。

二进制码（binary code）：用二进制的数字代表不同字符的计算机编码。

装订厂（bindery）：装订图书的地点。

生物群落（biomes）：特定类型的植物和动物及其他生物聚集的区域。

沸点（boiling point）：液体在海平面高度沸腾时的温度。

盲文（Braille）：盲人使用的一套文字，字符是由一个个突起的小圆点组成。

广播（broadcast）：通过收音机或电视传送信息。

佛教（Buddhism）：东方的一种宗教信仰，创始人为释迦牟尼。

寒武纪（Cambrian era）：属于古生代，大约距今5.44亿年至5亿年前。

伪装（camouflage）：为了更好地防护而进行遮蔽或假装的行为。

毛细血管（capillaries）：是连接动脉、静脉末梢之间的细小血管，是新旧物质交换的场所。

动物尸体（carcass）：动物死亡后的身体。

食肉动物（carnivore）：以肉食为食物的动物。

催化剂（catalyst）：一种可以引发化学反应但自身却没有变化的物质。

化学分析（chemical analysis）：将物质分解为组成元素的过程。

食糜（Chyme）：由胃排出到十二指肠的部分消化的食物，呈半液体状态。

指南针（compass）：一种可以用来确认方向的设备。

导体（conductor）：电流可以轻易通过的物质或物体。

先天的（congenital）：出生就呈现，但并不一定是遗传的。

腐蚀（corrosion）：金属因化学反应而出现的降解变质现象。

火山口（craters）：地球或其他行星表面的凹地。

脱氧核糖核酸（deoxyribonucleic acid，简称DNA）：在细胞核内发现的，与遗传信息传递有关的长链聚合物。

干冰（dry ice）：固体二氧化碳，主要用做冷冻剂。

可延展的（ductile）：物质可以被拉长，比如可以拉成细丝，或可以被砸扁。

回声定位（echolocation）：某些动物的感觉系统，它们能发出声波并能根据回声来判断物体的方位及距离。

蚀（eclipse）：行星、太阳和月亮被其他物体全部或部分遮挡的现象。

脑电图仪（electroencephalograph，简称EEG）：记录大脑产生的电流的医学仪器。

电动势（electromotive force）：电路中电流产生的电力。

电子（electron）：一种基本粒子，它带有一个负电荷，并围绕原子核运动。

电路（electronic circuit）：电流可以在其中流通的各种元件的组合。

堤（embankment）：为防止洪水或储存水而修建的建筑物。

濒危的（endangered）：面临灭绝危险的。

内窥镜（endoscope）：一种管状的医疗器械，可以深入人的身体或其他器官进行检查。

酶（enzymes）：由活体细胞产生的多种复杂蛋白质，可以引起或加速反应的进程。

逃逸速度（escape velocity）：一个物体为了摆脱另一物体万有引力的作用而必须的最小速度。

河口（estuary）：河流汇入海洋并与之结合的区域。

外骨骼（exoskeleton）：某些动物体外的保护壳。

难看的东西（eyesore）：那些让眼睛不舒服的东西。

粪便（faeces）：由肠道排出的固体排泄物。

受精（fertilization）：雌雄生殖细胞结合在一起形成受精卵的过程。

玻璃纤维（fibreglass）：纤维状的玻璃和树脂结合在一起制成的材料。

鳍状肢（flippers）：水生动物扁平宽大的肢体，主要用来游泳。

强化（fortification）：加固的行为。

化石（fossil）：过去生物的尸体或印迹。

频率（frequency）：单位时间内某一循环发生过程的次数。

炉子（furnace）：一种内部产热的封闭装置，可以用来融化金属（熔炉）或给房间加热（火炉）。

伽马射线（gamma rays）：放射性物质发出的一种射线。

传动装置（gear）：车辆中用以改变速度或方向的互相咬合在一起的齿轮。

基因组（genome）：某一生物体所有的DNA序列。

地热（geothermal power）：地球内部的热量产生的能源。

砂囊（gizzard）：许多鸟和爬行动物嗉囊下部的一个肌肉发达的囊胃，主要用来磨碎食物。

政府（government）：当政的政治团体所组成的管理机构。

凹版印刷（gravure）：用蚀刻或有刻纹印刷版印刷的过程。

栖息地（habitat）：一群生物生活的环境。

硬件（hardware）：计算机系统中的物理设备，比如中央处理器、存储器等。

治理（harness）：有效地利用。

食草动物（herbivores）：以植物为食的动物。

雌雄同体（hermaphrodite）：同时可产生雌性和雄性生殖细胞的生物体。

冬眠（hibernation）：某些动物在冬季休息或休眠的状态。

驼背（hump）：圆形的隆起或肿块。

水力的（hydraulic）：依靠水进行操作、移动。

水力发电（hydroelectricity）：通过水产生电的过程。

冰盖（ice-cap）：永久覆盖在山脉或某些区域之上的大量冰雪。

免疫（immunization）：一般是通过注射疫苗产生对某种疾病免疫力的处理方式。

切牙（incisors）：哺乳动物最前面主要用来切断食物的牙齿。

孵卵（incubate）：坐在卵上让卵孵化的过程。

惰性的（inert）：不活跃或不能移动。

有独创性的（ingenious）：展示出创造才能和技能。

继承（inherit）：从前辈处接受事物。

绝缘（insulation）：隔离电、声、热的过程。

绝缘体（insulator）：绝缘的物体。

无脊椎动物（invertebrate）：没有脊柱的动物。

角蛋白（keratin）：一种含硫蛋白，可以组成头发、角质（比如指甲）等。

岩浆（magma）：地球内部熔化的岩石。

磁场（magnetic field）：磁体或运动着的带电粒子周围的区域或空间。

磁共振成像（magnetic resonance imaging (MRI)）：通过强力磁场和射频脉冲的激发，通过计算机处理，把体内组织的图像呈现出来的技术。

磁性（magnetism）：磁体间存在的吸引力。

有延展性的（malleable）：可以被延伸，或通过锻打、压力而变形。

乳腺（mammary glands）：雌性哺乳动物分泌乳液的器官。

地幔（mantle）：地球上地壳和地核中间的一层。

有袋动物（marsupials）：哺乳动物的一个类群，雌性有袋动物有一个育儿袋，可以用来哺育年幼的动物。

质量（mass）：物体的固有属性，也是可以产生重量的原因。

女族长（matriarch）：一个家庭、部落或群体的女性负责人。

熔点（melting point）：固体变为液体的温度。

变态（metamorphosis）：生物从一个阶段到另一阶段，身体外观发生变化的过程。

流星体（meteoroids）：活动在外层空间的石头或金属残骸。

公制（metric system）：一种基于米、公斤和秒等单位的十进制度量系统。

迁徙（migration）：为了繁殖和取食，动物周期性地从一个地区迁移到另外一个地区的过程。

调制解调器（modem）：通过电话线连接计算机的一种电子设备。

单体（monomer）：一种简单的化合物，可连接在一起形成聚合物。

莫尔斯电码（Morse code）：一种传递信息用的代码，包含两种代码：一种为点，另一种为或长或短的横线。

主板（motherboard）：电脑中连接各个元器件的主要的电路板。

星云（nebula）：气体和尘埃组成的云雾状天体。

贵金属（noble metals）：抗腐蚀和抗氧化的金属。

游牧的（nomadic）：没有固定的居所，为了寻找工作和食物定期变换地方。

后代（offspring）：幼小的人、植物或动物

杂食动物（omnivores）：既吃植物也吃肉类的动物。

折纸手工（Origami）：日本一种将纸折成各种形状或物体的艺术形式。

振荡（oscillating）：周期性的从一侧摆动到另一侧。

混凝纸（papier mache）：纸浆制作的物质，湿的时候可塑形，干了之后可在其上写字、绘图。

护理人员（paramedic）：协助专业医疗人员或进行紧急医疗处理的人员。

寄生（parasite）：在寄主体内或体外生活的植物或动物。

步行者（pedestrian）：靠步行旅行的人。

法老（pharaoh）：古埃及国王的称号。

光球（photosphere）：恒星发光的表面，比如太阳的表面。

轴心（pivot）：物体围绕其转动的轴。

行星（planet）：沿轨道围绕恒星运行的天体，但比彗星、小行星或卫星更重。

授粉（pollination）：植物花粉从雄蕊传递到雌蕊并形成种子的过程。

聚合物（polymer）：一种化合物或混合物质，由许多小分子重复排列聚合在一起形成。

火山灰（pozzolana）：一种多孔的火山喷发物，可用来制造水泥。

食肉动物（predators）：捕食其他生物的动物。

原猴（prosimian）：更为原始的灵长类动物，眼睛和耳朵很大，且多为夜间活动。

修复学（prosthetics）：医学的分支，主要是人造身体器官的使用和处理。

猎物（quarry）：游戏或捕食过程中被追捕的动物。

放射性（radioactive）：元素可以释放射线的性质。

放射性废物（radioactive waste）：试验或工业过程完成后无用的放射性材料。

雨量测量器（rain gauge）：测量降水量的仪器。

可再生能源（renewable energy）：从风、水或太阳等可再生来源获取的能源。

里氏震级（Richter scale）：范围从1到10的一种标度，用以表现地震的强度。

裂谷，地堑（rift valley）：地球表面形成的裂缝，通常是两壁非常陡峭的山谷。

路由器（router）：在计算机网络间传输数据包的设备。

铁锈（rust）：当铁暴露在潮湿的空气中时，形成的红色或橘色的表层。

食腐动物（scavengers）：以死亡的有机物为食的动物。

传感器（sensors）：可以接收信号（或刺激）并作出应答的设备。

类人猿（simian）：猿或猴子。

矿渣（slag）：矿石融化并从中分离出金属后，剩余的废弃物。

熔炼（smelting）：加热提取金属的过程。

口鼻部（snout）：动物头部前侧延长或伸出的部分。

软件（software）：计算机使用的程序或相关信息。

独居（solitary）：单独生长或生活。

音爆（sonic boom）：当飞行器速度接近音速时，会有一股强大的阻力，使飞行器产生强烈的振荡，而超过音速时，飞机迎风面的能量高度集中，这些能量传到地面，会让人感受到短暂而极其强烈的爆炸声。

精子（sperm）：雄性生殖细胞。

塔尖（spires）：尤指塔类尖尖的屋顶。

肉质的（succulent）：植物鲜嫩多汁的特点。

超大陆（supercontinent）：人们假设的在很久以前地球上的一块陆地。它后来分裂为几块并逐渐漂移，形成了现在的几块大陆。

超新星（supernova ）：发生爆炸，并在爆炸过程中亮度极大的恒星。

超音速（supersonic）：比声音在空气中传播的速度还要快的速度。

望远镜（telescope）：可以观察远处物体的管状设备。

触手（tentacles）：某些动物附着的可以起到感觉作用的器官。

苔原、冻土带（tundra）：北极地区大片没有树地带，常年处于冰冻状态。

紫外线（ultraviolet waves）：波长较太阳光短，但是比X射线长的光波。

脊椎动物（vertebrate）：有脊椎或脊柱的动物。

黏性的（viscous）：稠密、潮湿、粘滑的性质。

有蹼的（webbed）：脚趾间有折叠的皮肤的。

湿地（wetlands）：类似沼泽等水很多的区域。

蒙古包（yurt）：方便携带的帐篷一样的房子，主要是蒙古或土耳其语系的游牧民族使用。